川辺川ダムはいらん！

住民が考えた球磨川流域の総合治水対策

川辺川ダム問題ブックレット編集委員会 編

花伝社

川辺川ダムはいらん！——住民が考えた球磨川流域の総合治水対策◆目次

川辺川ダムはいらん！——住民が考えた球磨川流域の総合治水対策●目次

撤去が決定した球磨川中流部の荒瀬ダム

人吉市・球磨川下り発船場

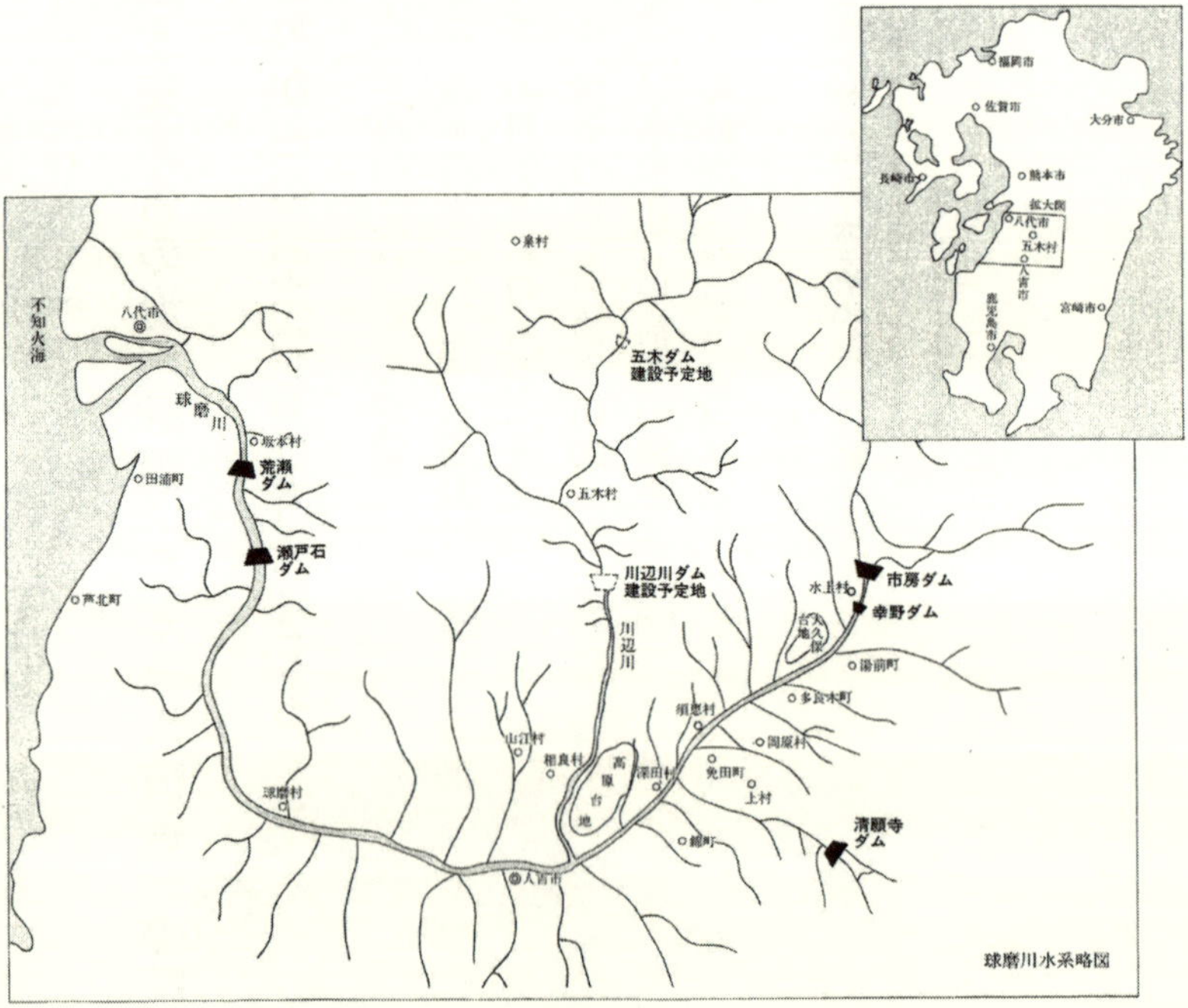
不知火海
八代市
球磨川
坂本村
荒瀬ダム
田浦町
瀬戸石ダム
芦北町
泉村
五木ダム建設予定地
五木村
川辺川ダム建設予定地
川辺川
山江村
相良村
高原台地
球磨村
人吉市
深田村
須恵村
免田町
上村
岡原村
多良木町
湯前町
水上村
市房ダム
幸野ダム
大久保台地
錦町
清願寺ダム
福岡市
佐賀市
大分市
長崎市
熊本市
拡大図
八代市
五木村
人吉市
鹿児島市
宮崎市
球磨川水系略図

はじめに

私たちは、住民討論集会などを通して考えた、ダムに頼らない球《く》磨《ま》川《がわ》流域の総合治水対策を、住民の視点でまとめてみました。

川《かわ》辺《べ》川《がわ》は、子守唄の里として名高い熊本県五木村《いつきむら》の上流・五家《ご か》荘《の しょう》に源を発し、人吉で球磨川本流に合流する、球磨川水系最大の支流です。国土交通省は、この川辺川に、五木村の中心地を沈める巨大な多目的ダム・川辺川ダムを建設しようとしています。現在、水没予定地の住宅の移転などはほぼ終わり、残る大きな工事はダム本体のみ、という状況です。

水質日本一の清流（環境省認定）・川辺川に取り返しのつかないダメージを与え、広大な自然をダム湖に沈める川辺川ダムとは、一体どのような計画なのでしょうか。

川辺川ダム建設予定地（熊本県相良村）

一九六六（昭和四一）年に発表され、一九七六（昭和五一）年に告示されたダム基本計画によると、

○総貯水量：一億三三〇〇万立方メートル
○湛水面積（水没面積）：三九一ヘクタール
○ダム本体の高さ：一〇七・五メートル
○ダム堤の最大幅：二七四メートル

という、九州最大級のアーチ式コンクリートダムとなる計画です。

国土交通省の主張する川辺川ダムの建設目的は、社会情勢の大きな変化で全てなくなっています。また、一九九九（平成一一）年度から繰り越されてきたダム本体工事費が、二〇〇四（平成一六）年度からは計上されていません。つまり、国土交通省は七年連続でダム本体工事に着手できないのです。ダム本体着工の可能性は、年々少なくなってきています。

そのことは、利水訴訟に勝訴した農民、国土交通省の補償案を否決して収用委員会の攻防にまで持ち込んだ漁民、目的のなくなったダム建設を中止し清流を未来に手渡そうとする住民の闘いの結果です。

川辺川ダム問題の要素は、

（一）人吉球磨地方の農業利水問題
（二）球磨川流域の共同漁業権の問題
（三）流域住民の生命と財産を守る治水問題
（四）川辺川ダムが流域に深刻なダメージを与える環境問題
（五）ダム問題により長期間の苦難を強いられた水没予定地・五木村をはじめとする、流域の地域振興の問題
（六）投入される巨額の税金の投入効果を考える財政問題
などに大別されます。

第1章 川辺川ダム問題の現在

(1) 失われた川辺川ダムの「建設目的」

国土交通省の主張する
川辺川ダムの「建設目的」

① 洪水調節（治水）
② 流水の正常な機能の維持
③ かんがい（利水）
④ 発電

上の図に示す四点が、国土交通省の主張する川辺川ダムの「建設目的」です。一九六六（昭和四一）年のダム計画発表から約四〇年が経過した現在、社会情勢の劇的な変化や流域の状況（森林など）の変遷によって、「建設目的」はいずれも失われています。

では、四つの「建設目的」について一つずつ検証してみましょう。

①洪水調節（治水）について

二〇〇一(平成一三)年一一月の住民側の治水代替案の発表をきっかけに、熊本県は二〇〇一（平成一三）年一二月から「川辺川ダム

①洪水調整（治水）目的

住民側からの治水代替案の発表

2001 年 11 月

2001 年 12 月より

住民討論集会

事業者と住民が事業の是非を議論する全国にも例がない画期的な試み

②流水の正常な機能の維持

ダムは自然の流れを阻害する
1994 年 9 月 29 日市房ダム湖

を考える住民討論集会」を開催しました。この住民討論集会の中で、過去最大の洪水が来ても、一部の未改修の地区を除いて球磨川からあふれないこと。ダムに頼った治水は危険であること。ダムなしの総合治水対策のほうが優れていることなどが明らかになりました。

治水面からも川辺川ダムが不要であることを、第二章以降くわしく述べたいと思います。

②流水の正常な機能の維持について

上の写真は一九九四（平成六年）年九月二九日、渇水で、球磨川本流の市房ダム湖の底が露出した時のものです。水はにごり、湖底にヘドロがたまり、悪臭がただよっています。ダムは川の自然の流れそのものを阻害します。

「流水の正常な機能の維持」は、ダムがなければ必要のない話です。ダム下流の水量を一定量に確保することで、下流の既得水利の保護と、ダムで川が受けるダメージを緩和しようとする努力目標のようなものなので、ダムを造る目的にはなりません。

また、川の流量の自然な変化があって生態系は維持されるのであって、ダムによって一定の流量を保てば本来の生態系は破壊されます。

③かんがい（利水）目的

川辺川利水訴訟で反対農家が勝訴！

2003年5月16日福岡高裁

④発電目的

頭地発電所
廃止

川辺川
第一発電所
廃止

川辺川
第二発電所
廃止

廃止される発電所と差し引き
≒0

③かんがい（利水）について

川辺川ダムから農業用水を引こうとする利水事業計画の事実上の中止を求めて、二〇〇〇名以上もの農民が農林水産省を相手に裁判を起こした「川辺川利水訴訟」で二〇〇三（平成一五）年五月一六日、福岡高等裁判所は原告農家勝訴とする判決を下し、計画は事実上白紙に戻りました。過大な水需要に基づく川辺川ダムによる利水計画は完全に行き詰っています。

④発電について

川辺川ダムによる発電の最大出力は一万六五〇〇キロワットです。これは、取水口が水没するなどして廃止される発電所、すなわち川辺川第一、川辺川第二、頭地《とうじ》の三つの発電所の出力合計一五九〇〇キロワットと、ほとんど変わりません。これでは、ダムを造る目的にはなりません。

一審判決は「敗訴」熊本地方裁判所（2000年9月8日）

(2) 人吉球磨地方の農業利水問題

川辺川ダムから、流域の約三〇〇〇ヘクタールの農地に水を引こうとする、農水省がすすめる利水事業計画について、約四〇〇〇名の対象農民への同意取得が一九九四（平成六年）年二月から行われました。ところが「ウソの説明を受けた」「だまされて同意の印鑑を押した」などの農民が続出し、一一四四名の農民は行政不服審査法に基づく「異議申し立て」を行いました。

一九九六（平成八）年三月、農水省が「異議申し立て」を棄却したため、同年六月、農民と農水省の争いは法廷に持ち込まれました。補助参加者を含めた原告農民は二〇〇〇名以上にもなりました。

二〇〇〇（平成一二）年九月八日、熊本地方裁判所での一審判決では、農民が敗訴。原告農民は控訴し、二〇〇三（平成一五）年五月一六日、福岡高裁は原告農家勝訴とする判決を下し、計画は事実上白紙に戻りました。

その直後から、一つの試みが始まりました。新たな利水計画を検討する「事前協議」では、事業主体の農水省だけでなく、熊本県、関係市町村、利水訴訟原告農家と弁護団、事業推進団体なども加わ

東京行動時の梅山原告団長（当時）、板井弁護団長ら

り、一つ一つ関係者の合意を図りながら作業を進める画期的な手法がとられています。

当初、協議は何度も紛糾し、作業が暗礁に乗り上げたりもしました。しかし、五〇回以上に及ぶ議論を経て、農水省も農家の声に真摯に耳を傾けざるを得なくなっています。

「事前協議」での検討をもとに、農家の意向を聞く意見交換会・集落座談会も二〇〇三（平成一五）年七月から四巡、延べ一一八会場で開催され、ダム以外の水源を探る現地調査も実施されました。約四〇〇〇戸の対象農家へのアンケート調査も三回実施され、農家が新たに水を必要とする農地面積は約七〇〇ヘクタールで、当初計画の約五分の一であることや、農家が「水を必要」とする地区は虫食い状に点在していることが明らかになりました。

今後、事業費・工期・農家負担等を明らかにしながら、新利水計画が川辺川ダムによるのか、ダムによらないのかを絞り込む、集落座談会とアンケート調査が実施されます。過大な水需要に基づいた川辺川ダムによる利水計画は完全に頓挫していることは明らかです。

熊本県収用委員会

2001 年２月と 11 月
球磨川漁協が川辺川ダム補償案を否決
↓
2002 年２月
流域の漁業権などの収用審理を開始
↓
2003 年５月
川辺川利水訴訟の国側敗訴
↓
漁業権などの収用裁決申請の却下を示唆

（３）球磨川流域の共同漁業権の問題

国土交通省が川辺川ダム本体工事を始めるには、流域に漁業権を持つ漁民の同意が必要不可欠となります。

球磨川漁協が川辺川ダム漁業補償契約の受け入れを拒否したため、二〇〇一（平成一三）年一二月、国土交通省は流域の漁業権の強制収用を求める裁決申請を熊本県収用委員会に対して行いました。

二〇〇二（平成一四）年二月から二〇〇三（平成一五）年一一月まで二一回の審理が開かれましたが、川辺川ダムから農業用水を引く利水事業が二〇〇三（平成一五）年五月の国側敗訴で事実上白紙となり、県収用委員会は二〇〇三（平成一五）年一一月から川辺川ダムに関わる審理を中断し、新利水計画の策定を見守ってきました。しかし、新利水計画策定が大幅にずれ込み、今後の見通しが立たないことから、二〇〇四（平成一六）年一一月に審理を再開しました。

県収用委員会の塚本侃《つよし》会長は、国土交通省が利水事業の見直しを受けた同ダムの変更計画を一定期間中に示さない場合は、収用申請の却下もあり得ることを示唆しました。川辺川ダムの収用申請が

漁業権などの収用裁決申請が「却下」されると…

- 強制収容は不可能に
- 川辺川ダム事業認定も消滅
- 川辺川ダム事業計画の「公益性」も消滅

⬇

川辺川ダム事業計画は白紙状態に！

「却下」された場合、二〇〇〇（平成一二）年一二月の川辺川ダム事業認定そのものが無効となります。事業認定が否定されるということは、川辺川ダム建設のための「強制収用」が不可能となることはもちろん、川辺川ダム基本計画そのものの「公益性」が否定されることに他なりません。「却下」は川辺川ダム事業計画が白紙となることを意味します。

また、ダムの計画変更手続きには、県知事の意見を聞いたうえで、県議会の同意が必要です。川辺川ダム建設の前に立ちはだかるハードルはますます高くなっています。

第２回川辺川ダムを考える住民討論集会（2002年２月24日）

（４）川辺川ダムを考える住民討論集会

住民側専門家による川辺川ダム治水代替案の発表をきっかけに、潮谷義子熊本県知事の「国土交通省は川辺川ダム建設の大義について十分に説明を果たしているとは言えない」という発言を受け、熊本県は二〇〇一（平成一三）年一二月「川辺川ダムを考える住民大集会」を開催しました。

国の直轄事業に対し、事業者（国土交通省）と住民が同じテーブルにつき、多くの住民の参加のもと、熊本県がコーディネートして事業の是非を議論するこの形式は、全国にも例がない画期的な試みです。

二回目からは国土交通省の主催、熊本県のコーディネートで「川辺川ダムを考える住民討論集会」と名称を変え、これまでに治水と環境をテーマに九回開催されてきました。その中で、治水上川辺川ダムが不要なことや、川辺川ダムが流域の環境に悪影響を与えることが、住民側により次々と明らかにされています。

この住民討論集会でも、討論集会の期日や場所から、討論の内容などを検討する「事前協議」が熊本県のコーディネートで開かれ、

川辺川ダム不要の代替策
「河川改修進み大洪水防げる」
専門家グループが国データで導く
堤防かさ上げで十分

毎日新聞
(2001年11月5日)

事業主体の国土交通省だけでなく、ダム反対と容認の住民、専門家、諸団体等が加わり、一つ一つ関係者の合意を図りながら作業を進める手法がとられています。これもまた、画期的なことです。

二〇〇三（平成一五）年一二月の第九回討論集会で、熊本県・国土交通省・住民で流域の森林の保水力調査を進めることが合意されました。それに基づき、検証の方法や場所などについて十数回におよぶ事前協議と専門家会議が開催されました。二〇〇四(平成一六)年九月の台風一八号時などでの地表流の観測結果、自然林と人工林とでは地表流の発生に大きな開きが出ました。今後も観測を継続し、森林の保水力が、どのように洪水時の河川の流量に結びつくか、検討を進めることになっています。

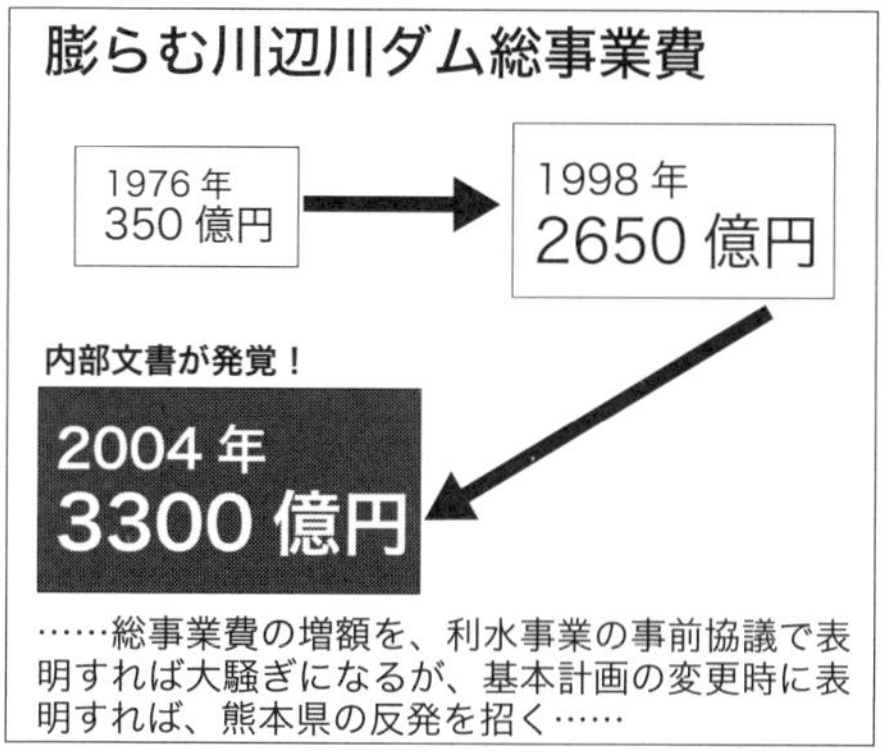

（5）財政問題

二〇〇四（平成一六）年八月六日、計画中の川辺川ダムの事業費が、現在の二六五〇億円から三三〇〇億円あまりに膨らむことが、国土交通省の内部文書で明らかになりました。

国土交通省は、「利水事業の事前協議で表明すれば大騒ぎになるが、基本計画の変更時に表明すれば熊本県の反発を招く」などと内部文書に記していますが、公共事業が住民の税金で、住民のために行われるのであれば、このような隠ぺいは絶対に許せないことです。

また、熊本県の負担は一四五億円も増加します。破綻寸前の県財政が、その負担に耐えうるわけがありません。説明会などで、「三三〇〇億円の増額はあくまで個人メモ」と説明してきた国土交通省が二〇〇四（平成一六）年九月二二日、総事業費は最低でも三三〇〇億円程度であることを明らかにしたことに対して、潮谷義子熊本県知事も不快感を表明し、住民も説明のための住民討論集会の開催を強く要求しています。

体長 30 センチを超える川辺川の尺アユ

（6）清流を未来へ！

球磨川流域の河川改修が進み、未改修の一部の地区を除けば、今では過去最大の洪水が来ても球磨川からあふれません。多くの流域住民は過去の経験から、大雨の時にダムに限界までたまった水が一気に放流される時の急激な増水の恐れを十分知っているため、ダム建設に反対しています。危険なダム建設に頼るのではなく、人工林の間伐をすすめて山林の保水力をさらに高めることや、河川の改修などの総合的な治水により、水害に強い地域づくりを進めていくことが求められています。そのほうが安全で環境にやさしく、地域振興にもつながります。

川辺川ダム事業は、ムダな公共事業の象徴であり、各種世論調査の結果を見ても住民の多くは川辺川ダム建設中止を求めています。問題がここまで複雑・長期化し、水没予定地・五木村をはじめ多くの住民がダム問題に翻弄《ほんろう》され続けた理由は、行政が住民の声を無視して事業を進めてきたからです。

今後、川辺川ダム建設の「受益者」とされている下流域住民のダム不要の意志をより鮮明に表し、「被害者」とされている五木村民や流域の漁民の「本当はダムなどない方がいい」という本来の意志と結び付けるとともに、これをさらに広い国民の世論で包み、ダム建設を完全中止に追い込んでいくことが、私たちの世代に課された責務ではないでしょうか。

第2章

治水問題Q&A

川辺川ダムについての素朴な疑問（Q）に対し、簡単に答える（A）形でまとめてみました。

人吉では（1982年7月25日）

人吉市九日町
堤防にも余裕があり、傘をさした市民が川を見ている

過去最大の毎秒5400トンがあふれずに流れた

Q1 川辺川ダムがない今の状態で、過去最大の洪水（一九八二（昭和五七）年七月二五日の洪水）が再び起こったら、人吉も八代も球磨川の水が堤防からあふれ、水害になるのでしょうか？

A1 川辺川ダムのない今の状態で過去最大の洪水が起こっても、河川改修が進んでいるので、人吉でも八代でもあふれません。

人吉市内の球磨川で一九八二（昭和五七）年七月二五日、過去最大の洪水流量である毎秒五四〇〇トンの水があふれずに流れまし

八代では　（1982年7月25日）

過去最大の毎秒 7000 トンが 3 メートル以上の余裕をもって流れた

た。堤防にも余裕があり、傘をさして増水の様子を見る市民の姿も見えます。堤防が未完成の地区では球磨川の水があふれ、浸水しましたが、その後人吉市内では堤防の整備がほぼ完成しています。

この時、八代でも萩原《はぎはら》堤防の上端まで三メートル以上の余裕を持って毎秒七〇〇〇トンの水が流れています。

Q2　扇千景・前国土交通大臣は二〇〇一（平成一三）年三月の国会答弁で、球磨川水系での豪雨による死者数が五四名にも達することを強調し、川辺川ダムの必要性を訴えました。川辺川ダムがもしあれば、これらの方々は救えたのでしょうか？

A2　住民側は五四名の方々がどのようにして命を落とされたのか、詳細に調査しました。次頁の図の●印が亡くなられた方々の場所と人数を示しています。

詳細に調べてみて、大臣発言の「でたらめさ」に唖然としました。五四名中五三名の方々は大雨で引き起こされた崖崩れや土石流などの土砂災害で亡くなっておられました。それだけではなく、球磨川・川辺川流域以外の氷川《ひかわ》水系で亡くなられた人まで球磨川水系の水害

過去の豪雨災害で亡くなった方々のほとんどは土砂災害が原因

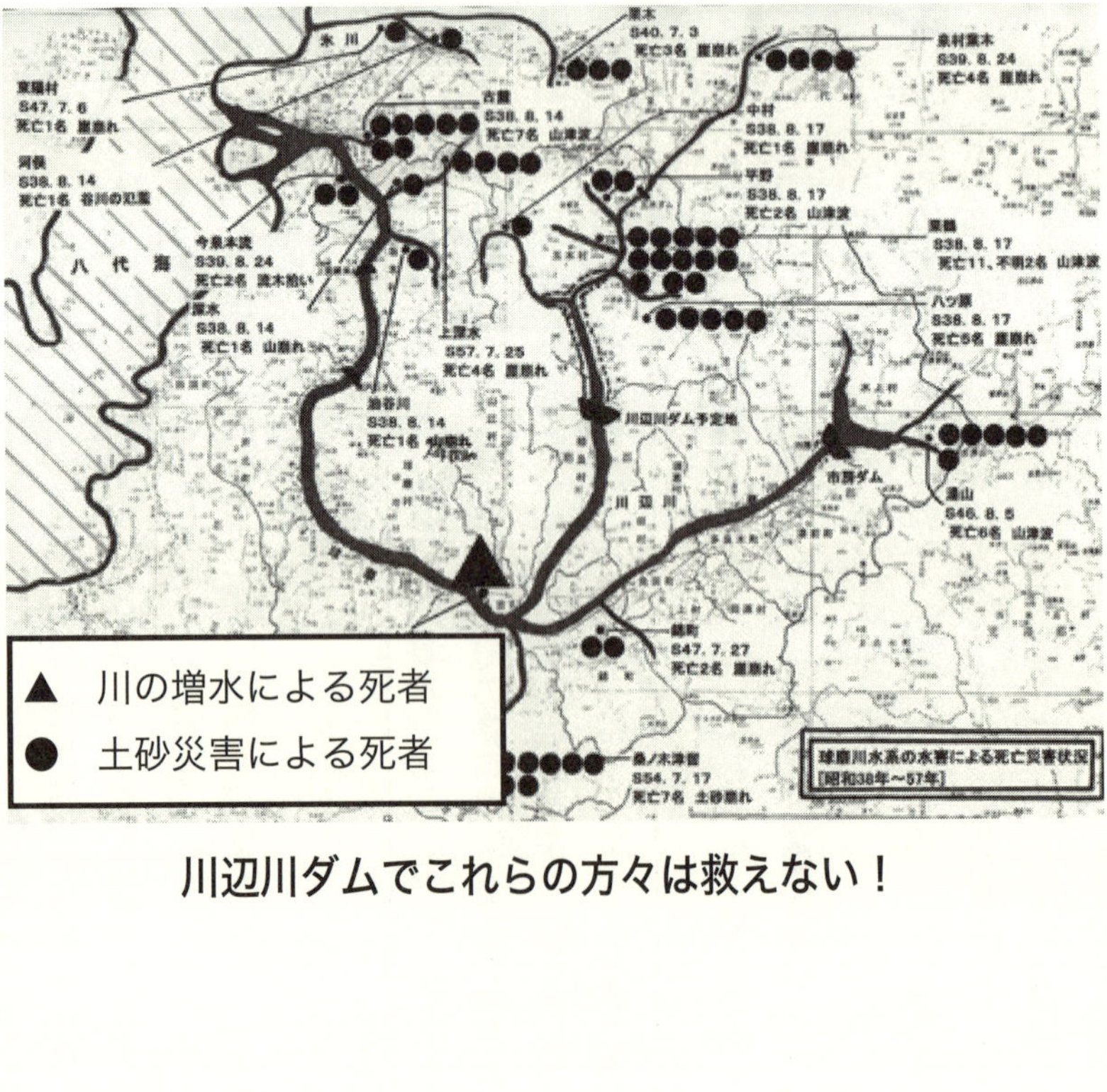

川辺川ダムでこれらの方々は救えない！

八代を水害から守ってきた荻原堤防は、250 年決壊していません！

の犠牲者の数に入れてありました。
　五三名の方々は川辺川ダムがあったとしても助けられなかったのです。責任論を堂々と述べた大臣の「うそ」の責任は誰が取るのでしょうか。

Q3　国土交通省は、八代市内の萩原堤防は川辺川ダムがないと二〇年に一度決壊し、八代市は甚大な被害を受けることになると言っていますが、ほんとうですか？

A3　上の写真の球磨川の湾曲部が萩原堤防です。この萩原堤防は、過去二五〇年もの間、一度も決壊したことはありません。二五〇年間決壊したことのない萩原堤防が、どうして二〇年に一度決壊するのでしょうか。
　それではなぜ、国土交通省は「萩原堤防を二〇年に一度決壊させる」必要があるのでしょうか。それは、「費用対効果」の問題に絡むからです。
　費用対効果とは、かかった税金に見合う効果が事業にあるのかどうかを検証することです。費用対効果の「効果」は、堤防が決壊した場合の被害予想額から計算します。ダムにかかる費用よりも、ダムによる効果のほうが大きくないとダム建設はできないので、萩原堤防を決壊させて効果を大きくする必要があったわけです。

川辺川ダムによる効果が八代でなければ、たとえ他の効果があったとしても事業としては成り立たないのです。

Q4 国土交通省は、人吉市内の堤防は川辺川ダムがないと五年に一度決壊し、人吉市は甚大な被害を受けると言っていますが、本当ですか？

A4 これまで一度も決壊したことのない人吉の堤防が、五年に一度も決壊するわけがありません。

二〇〇四（平成一六）年八月三〇日の台風一六号時には、人吉市内で毎秒四三〇〇トン（速報値）の洪水であったのに、国土交通省が公表した資料（記者発表資料　平成一六年一二月二日）を見ても堤防の上端まで約一メートル〜三メートル程度の余裕があり、堤防は決壊しませんでした。

上の写真は、同じ地点の堤防周辺の状況です。人吉市街地の堤防

台風 16 号時の人吉市九日町
61 ㎞ 600 地点付近（2004 年 8 月 30 日）

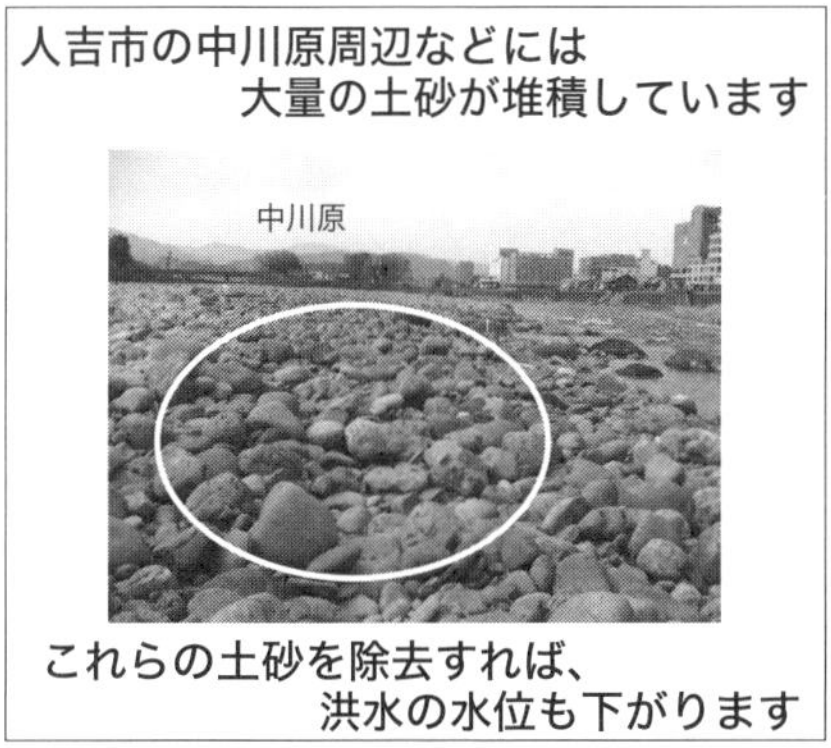
人吉市の中川原周辺などには
大量の土砂が堆積しています
中川原
これらの土砂を除去すれば、
洪水の水位も下がります

人吉市九日町
61 ㎞ 600 地点付近

堤防周辺の
地盤が高い
球磨川

は、コンクリートに覆われ、平野部に見られる天井川とは違い、堤防周辺の地盤が高い地区が多く、決壊しにくい堤防だということがわかります。

Q5 国土交通省は、人吉市内の球磨川の川底を掘り下げることは技術的に困難であると言っていますが、本当ですか？

A5 人吉市内の中川原《なかがわら》周辺や纖月《せんげつ》大橋《おおはし》周辺に堆積したままになっている大量の石や砂を取り除くと、その分、洪水時の水位は確実に下がります。

河床を掘削することは河川改修の基本であり、真っ先に検討されなければならない治水対策です。国土交通省も、各地で大規模な河床掘削を実施しています。人吉市内の河床の地質は表面が川砂利で、その下は風化岩なので、機械による施工が可能です。

ダムをつくるとなると、ダム建設中および完成後に、水没予定地周辺や下流の河川環境に永続的で深刻な影響を及ぼします。それに対し、河床の掘削では河川に濁りを発生させますが、それは工事の期間中に限られます。また瀬や淵を作りながら工事をすることで、豊かな河川環境を創生できます。

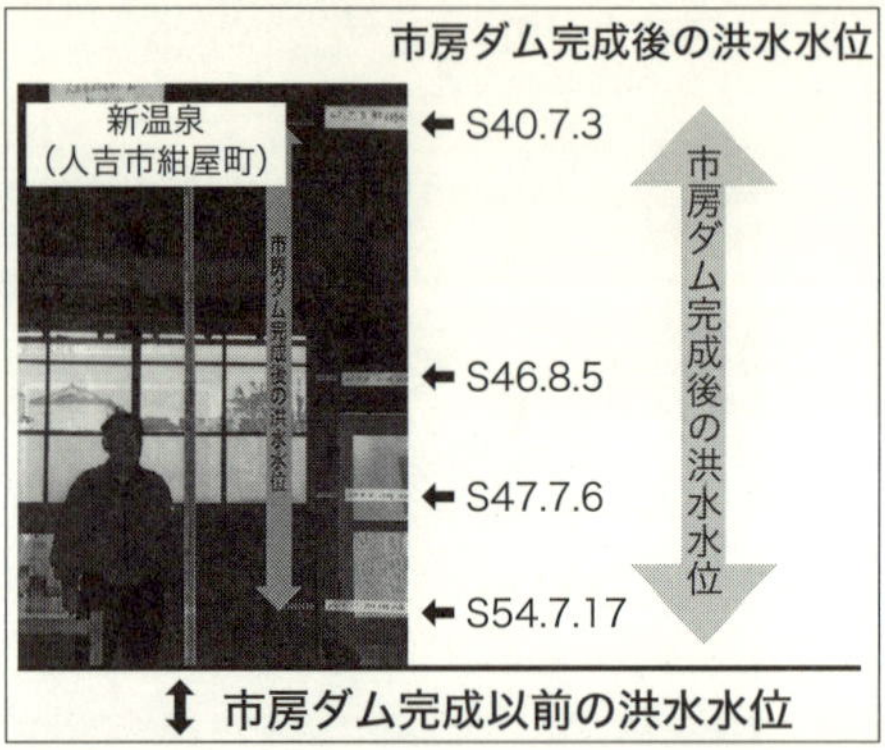

Q6 一九六五（昭和四〇）年七月三日の大水害は、球磨川流域にある市房ダムの放流も原因のひとつではなかったのでしょうか？

A6 上の写真は、人吉市紺屋町《こうやまち》の公衆温泉「新温泉《しんおんせん》」の壁に記録された、過去の洪水の水位です。市房ダム完成以前はひざの高さ程度の浸水だったのが、市房ダム完成以降、天井近くまで浸水したこともありました。住民の中に「昭和四〇年七月三日の水害の原因は市房ダムの放流が原因だ」とする、ダムに対する不信感が根強く残っています。

また、一九六五（昭和四〇）年には人吉市より上流部の堤防の整備が進んでいたにもかかわらず、人吉市内の堤防は未完成でした。以前には、上流部で遊水として水田などに一時あふれていた水が、一気に人吉市を直撃したと考えられます。

なお、過去最大の一九八二（昭和五七）年七月二五日の洪水では、人吉市内でも堤防の整備が進み、写真の新温泉でも被害はありませんでした。

五木村端海野 放置人工林の林床

放置人工林の林床は土壌がむき出しで、土が流れ、木の根も浮き出て、地表流のあとが見える
➡浸透能が小さい

五木村あざみ谷
天然林の林床

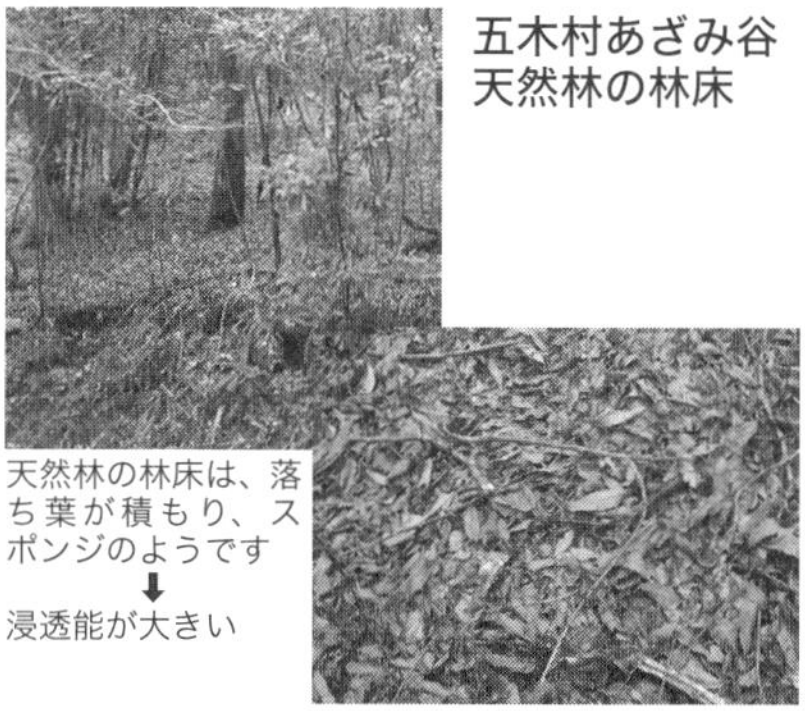

天然林の林床は、落ち葉が積もり、スポンジのようです
⬇
浸透能が大きい

Q7 森林の状況によって、洪水の規模が変わるのではないでしょうか。自然林と人工林では、水害を防ぐ力が違うのではないでしょうか。

A7 自然林では、広葉樹や照葉樹の落葉が腐葉土となり、長い間積み重なってスポンジのような土壌をつくります。自然林の浸透能（山林が水をしみこませる能力）は大きく、土壌にたくさんの水をたくわえることができます。

一方、人工林であるスギ・ヒノキの落葉は腐りにくく、特にヒノキの落葉は雨水に流されやすく、腐葉土ができにくいです。また、人工林が放置された場合、森林の中に陽が入らず、下草や下層木も育ちません。そのため、雨滴がむき出しの表土を洗い流します。木の根も浮き出るなどの地表流のあとが、あちらこちらに見られます。

よって、放置人工林と自然林の浸透能を比較すると、両者の違いがはっきりします。自然林の方が放置人工林よりも洪水緩和機能は高いといえます。

森林の治水機能の推移
（人吉上流域：全流域が自然林とした時を1とする）

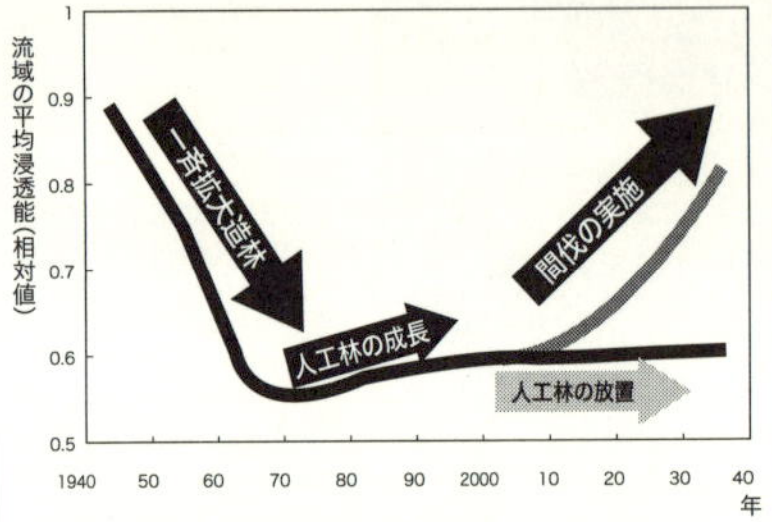

適切な間伐を行うと、森林の保水力が上がります

あさぎり町上　適正に間伐された人工林

適正に間伐された人工林では、林床が広葉樹や下草でおおわれ地表流のあとも見えない
➡浸透能が大きい

Q8　間伐をして、森林の状態をよくすることで、洪水を防ぐことができるのではないでしょうか？

A8　一九六五（昭和四〇）年前後の拡大造林期には、流域の森林でも大伐採と大規模植林が行われました。

それ以降、森林がある程度成長した今日では、人工林の生長と比例するように、同じ雨の降り方でも洪水流量が減少する傾向が現れています。しかし流域では、適正な手入れがなされていない放置人工林が大部分を占めているのが現状です。

適正に間伐された人工林では、林内に陽が入り、林床が広葉樹や下草におおわれ、地表流のあとも見えません。放置人工林より浸透能が大きいのは明らかです。

今後、流域の間伐などの手入れがなされていない放置人工林を適正に間伐して、針葉樹と広葉樹の混交林に近い状態にすれば、拡大造林期の頃に比べ、流域全体で洪水時のピーク流量をおおよそ三〇％程度、下げることが可能です。

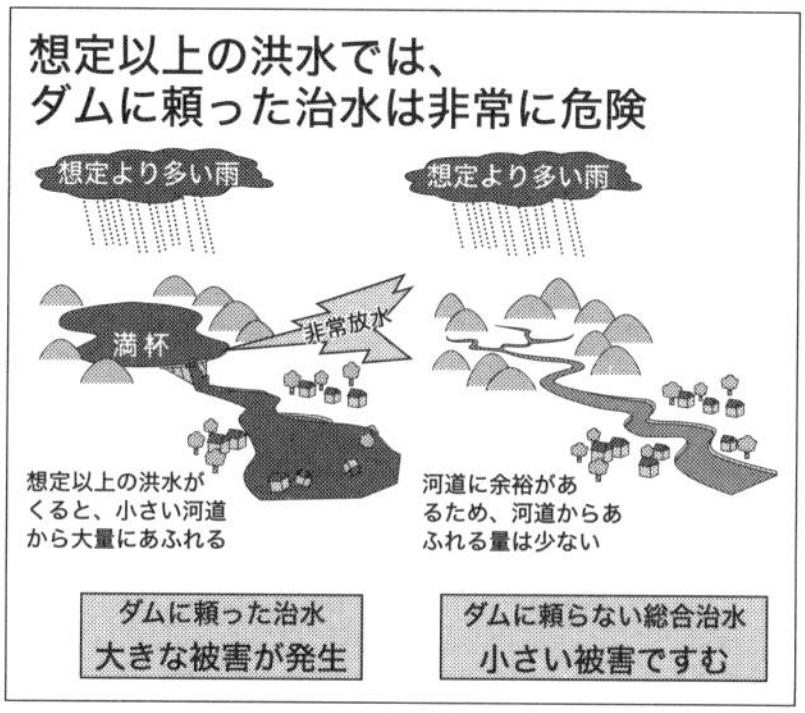

Q9　川辺川ダムは、想定以上の洪水のとき（超過洪水時）も、水害から下流を守ることができるのでしょうか？

A9　ダムに頼った治水では、想定以上の洪水がくるとダム湖は満水になり、ダム湖に流入した水をそのまま放流（非常放流）するしかありません。それまで洪水をため込み放流をおさえた分、放流量は急に増え、下流では川の水位が急激に上昇し、非常に危険です。またダムに頼り、河道の整備を怠るこれまでのやり方では、下流では洪水が大量にあふれます。

一方、ダムに頼らない総合治水では、河道や堤防をよく整備し、その地域にあった様々な治水対策をとるために、あふれてもわずかであり、小さい被害ですみます。

Q10　川辺川ダムの非常用放水門（超過洪水に備えたゲート）が全開されたならば、一体どうなるのでしょう。

A10　超過洪水の時（想定以上の雨が降った時）、ダムが満水

川辺川ダム完成予想図

非常用放水門
毎秒 5160 トン
もし、ここから大量の水が放水されたら？

になったときのダム決壊を防ぐために、川辺川ダムには毎秒五一六〇トンも放流できる「非常用放水門」が設置されます。下流で安全に流せる流量（国土交通省の主張：人吉で毎秒四〇〇〇トン）をはるかに超える放流ができます。大雨の増水時、この非常用放水門が全開されたならば、急激な水位上昇と氾濫で、下流域は壊滅するしかありません。

Q11 ダムは一度つくってしまえば永久に使えるのですか？　ダムは堆砂で埋まってしまうのではないでしょうか？　ダムには寿命はありますか？

A11 ダムには寿命があります。ダムは水をため込むだけではなく、川を流れる大量の土砂もため込んでいきます。川辺川ダムには、一〇〇年間で二七〇〇万立方メートルの土砂がたまる計画です。ということは、一年間に二七万立方メートル、つまり一〇トン積みトラック約六万台分の土砂がたまることとなるのです。想定の何倍もの速さで土砂がたまっているダムも、全国で数多く見られます。

また、コンクリートには寿命があります。球磨川の荒瀬ダムは、

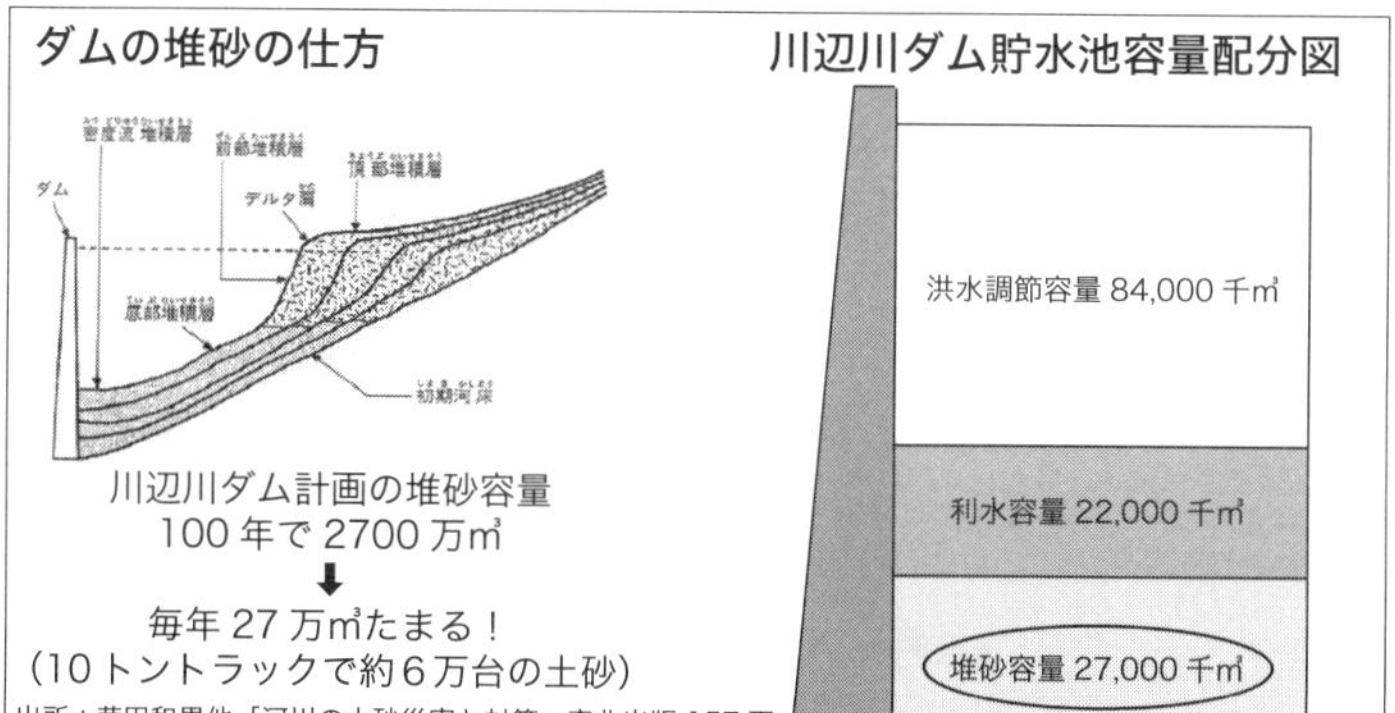

出所：芦田和男他「河川の土砂災害と対策」森北出版 157 頁

完成後五〇年で撤去が決定しました。ダムの寿命が来て、川辺川ダムを撤去するとなると、巨額の費用がかかります。さらにコンクリート等の廃材の捨て場を見つけることも極めて難しいことです。

さらには、ダムが寿命を終えたあと、流域の治水はどのようにして行うのでしょうか。次の世代のためにも、川辺川ダムに頼らない総合治水に、一日も早く方向転換すべきです。

Q12　川辺川ダム建設予定地の岩盤は、地質学的に何も問題はないのでしょうか?

A12　川辺川ダム建設予定地は、四万十帯とよばれる地層です。四万十帯は、強く褶曲し、多くの断層があり、破砕作用が著しく進んで、地すべりや山腹崩壊を引き起こす地帯が広く分布しています。

四万十帯にある、四国の早明浦ダムや大渡ダム、奈良の大滝ダムでは、多くの地すべりや山腹崩壊が発生し、地域住民を避難させるなど深刻な問題となっています。

次頁下の図は、国土開発技術研究センターが作成した「川辺川ダ

川辺川ダムサイト説明図（松本作図）

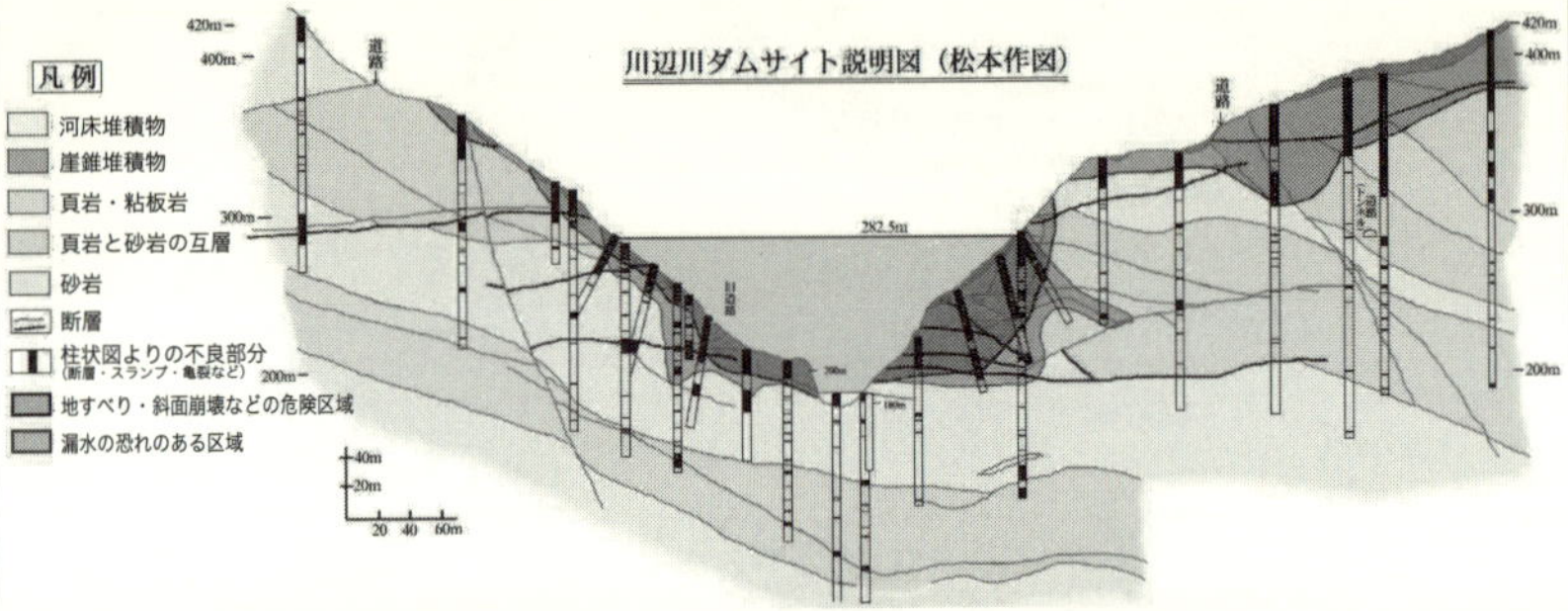

ダムサイト予定地の地質図。地すべり・斜面崩壊などの危険区域を濃いグレーで示す。

川辺川ダム地すべり予察図

出典：ダム湛水による山腹斜面の変動等に関する検討業務（昭和62年）
（財）国土開発技術研究センター

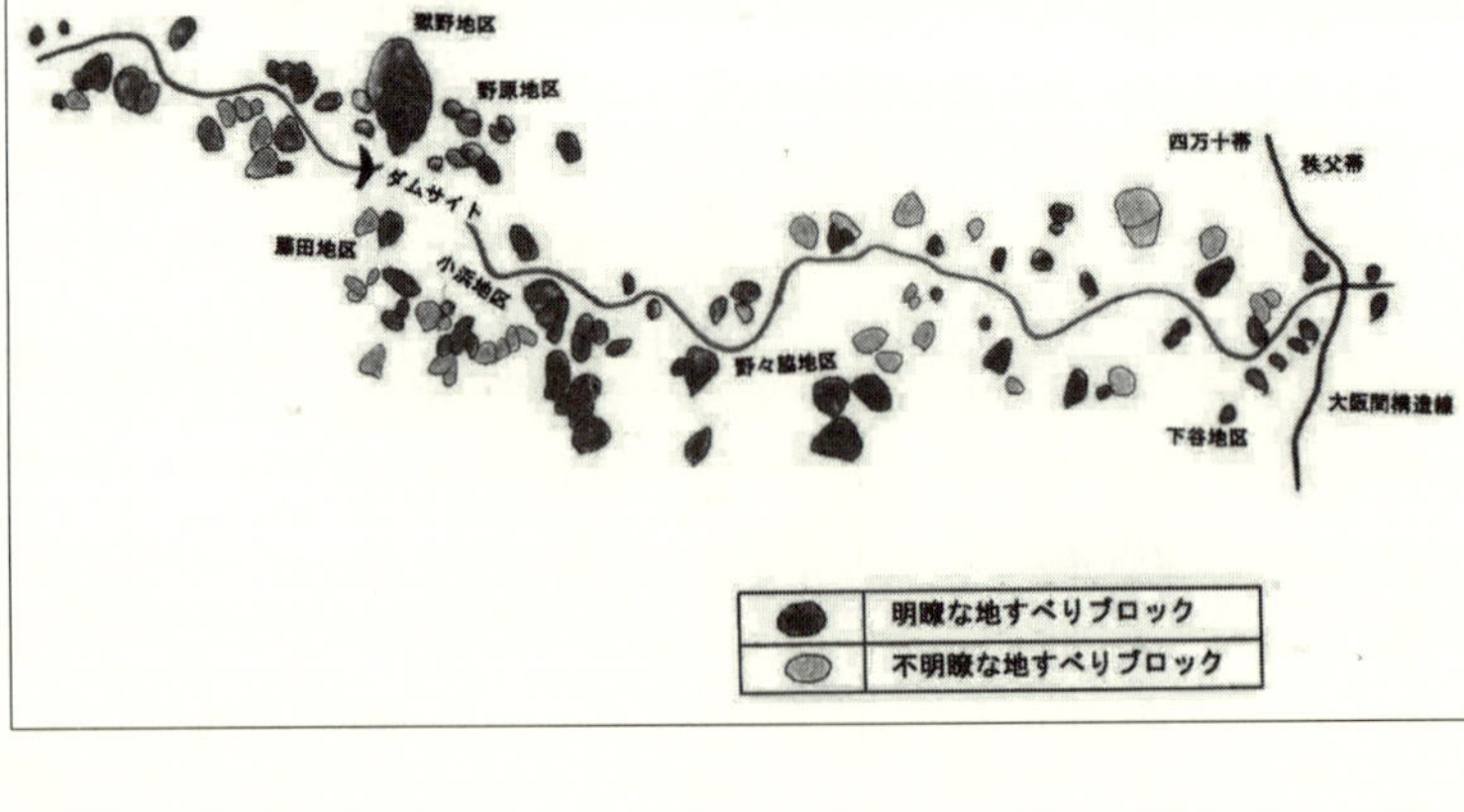

ム地すべり予察図」を、わかりやすく書き直したものです。ダムサイト予定地も貯水地周辺も全て地すべりの危険地域であることがわかります。

Q13 地すべり地帯にダムを建設すると、どんな危険なことが起きるのですか。

A13 特に川辺川ダムのような多目的ダムの場合、ダム湖の水位の変動が周辺の地下水位にまで影響を及ぼします。この地下水位の変動や激しい降雨などで、地すべり地帯では、地すべりや山腹崩壊が発生しやすくなります。

大規模な地すべりや山腹崩壊が発生すると、多量の土砂が急激にダム湖に流入します。このために、ダムから大量の水があふれ出て、ダム下流に大洪水を引き起こすことになります。

実際に一九六三年に起きたイタリアのバイオントダムの事故では、大規模な地すべりによりダム津波が発生し、ダム堰堤を乗り越え、高さ七〇メートル以上の水の壁となってピアーベ川を流下し、二〇〇〇人以上の死者を出しました。

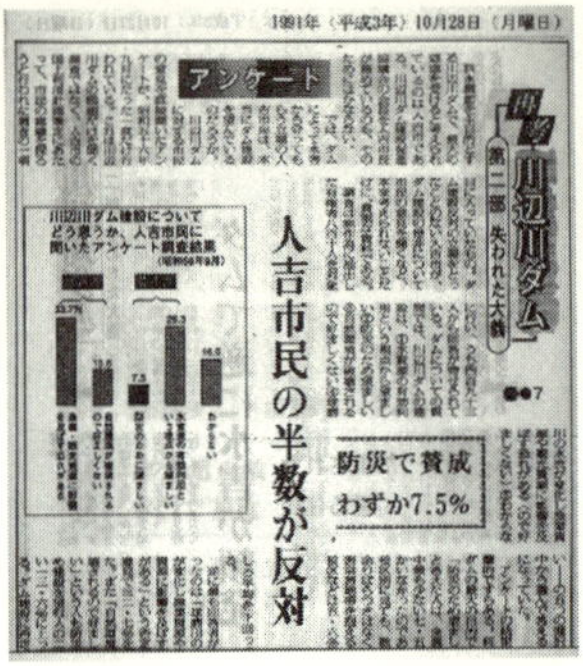
1991年（平成3年）10月28日（月曜日）
再考 川辺川ダム
第二部 失われた大義
アンケート
人吉市民の半数が反対
防災で賛成 わずか7.5%

毎日新聞（1991 年 10 月 28 日）

瀬目トンネル内壁の崩落の様子
（2004 年 11 月 27 日）

川辺川ダム建設予定地周辺の岩盤は非常に弱く、地すべり地帯もあちこちに見られ、ダム予定地周辺の多くのトンネルでひび割れや漏水が発生しています。ダム取り付け道路の瀬目《せめ》トンネルの内壁は崩落しています。このような地すべり地帯にダムを建設することは絶対に避けなければなりません。

Q14 流域住民は川辺川ダム建設には賛成ですか？ 反対しているのですか？

A14

この件には実例を述べることとします。

①川辺川ダムができると最も恩恵を受けるのは人吉市といわれています。この人吉市で一九八一（昭和五六）年、国土利用計画策定に当たってのアンケートの一部として川辺川ダムに関する意識調査が行われました。人吉市民の半数がダム建設に反対し、「防災で賛成」とした市民はわずか七・五％でした。

②一九九四（平成六年）年、人吉市の住民一万八九三四名が「川辺川ダム建設の見直しと凍結」の陳情書に署名をし、ダム建設反対の意志を表明しています。

③二〇〇一（平成一三）年、人吉市の一万六七一一名（有権者の約五五％）が川辺川ダム建設の是非を問う住民投票条例制定を求める直接請求に署名。坂本村でも多数の住民が川辺川ダム建設の是非を問う住民投票条例制定を求める直接請求に署名しましたが、いずれも議会で一票差で否決されました。

④「川辺川ダムからの農業用水は不要だ」と裁判を起こした農民は、補助参加者を含めると二〇〇〇名以上に達し、対象農家の過半数を超えました。

⑤各報道機関の住民への世論調査の結果を見ても、川辺川ダム建設に「反対」が「賛成」を大きく上回っています。

このような住民の声を無視し、ダム本体建設を強行するために国土交通省は漁業権の強制収用を申請しました。しかし、これを審理する熊本県収用委員会は申請を却下する可能性が高いと考えられます。もし却下されれば、川辺川ダム問題の「公益性」に関わる論点は、治水一本に絞られてくる事でしょう。

住民側は二〇〇一（平成一三）年一二月からの住民討論集会で、「治水でも川辺川ダムは不要」と一貫して述べてきました。第三章では、川辺川ダムに頼らない球磨川流域の総合的な治水対策について提案します。

第3章 住民が考えた球磨川流域の総合治水対策

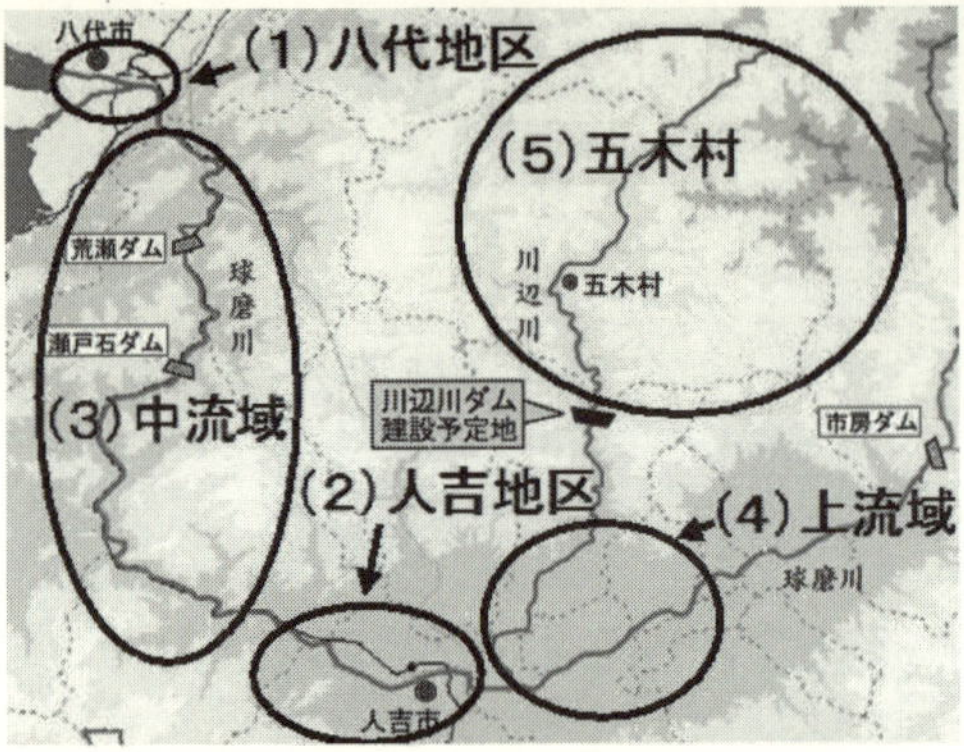

第二章で、過去最大の洪水（一九八二（昭和五七）年七月二五日）が来ても、いまでは人吉でも八代でも球磨川からあふれないことを述べました。第三章では、過去最大の洪水が来ても、十分な安全が確保できる総合的な治水対策について、

（一）八代地区
（二）人吉地区
（三）中流域（球磨村《くまむら》・芦北町《あしきたまち》・坂本村《さかもとむら》）
（四）上流域（相良村《さがらむら》・錦町《にしきまち》など）
（五）五木村

の五つの地域に分けてみていきましょう。

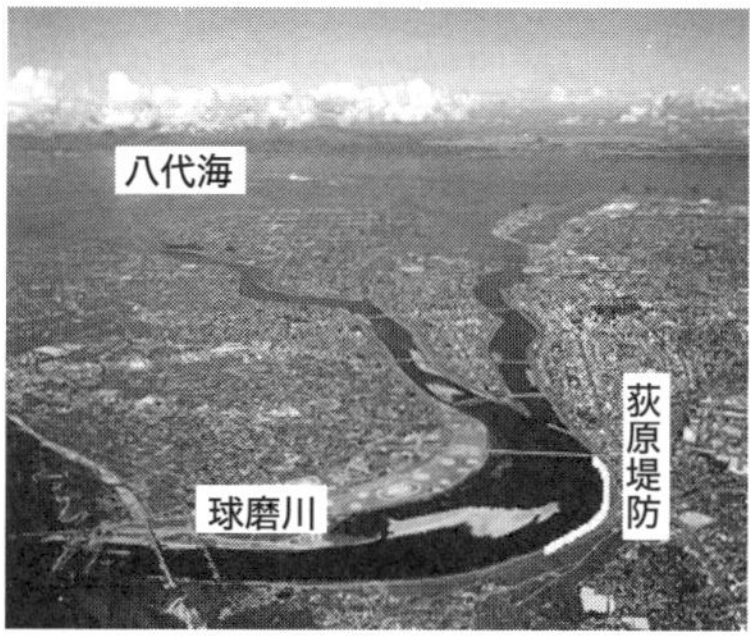

(1) 八代地区

八代市は、球磨川河口に位置する工業都市です。人口一〇万人以上を擁し、熊本市に次いで県下二番目の大都市です。八代市を洪水による被害から守ってきたのが、萩原堤防です。

次頁の図1「八代（萩原堤防）の洪水時の水位」を見ての通り、堤防の高さは過去の最高水位よりはるかに高く造られています。また国土交通省の主張する「川辺川ダムが必要」とされる基本高水流量（毎秒八六〇〇トン）の水位よりも高く造られており、十分な余裕があることがわかります。

この萩原堤防は、これまで二五〇年間決壊していません。

図2は、一九四七（昭和二二）年と一九九五（平成七）年の萩原堤防部分の航空写真です。これまでの河川改修で、川幅が広がったということは、それだけ八代の安全性は高まったということです。

図3の国土交通省の内部資料「平成一一年度球磨川水系治水計画

図1　八代（萩原堤防）の洪水時の水位

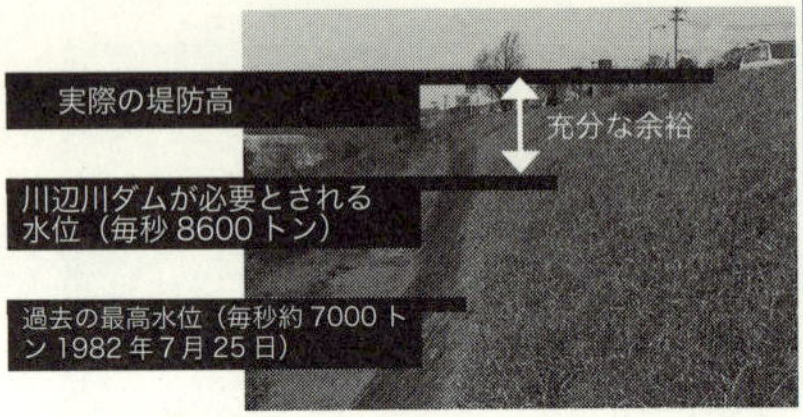

堤防が、過去の大洪水時の水位よりはるかに高くつくられており、充分な余裕があります。

図2　250 年決壊していない萩原堤防

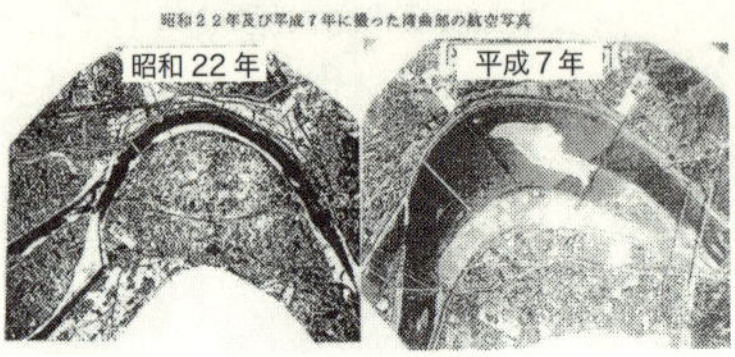

改修で、さらに川幅が拡がりました

検討業務報告書」を見ると、萩原堤防のどの地点においても毎秒九〇〇〇トン以上を流すことが可能となっています。多いところでは毎秒一一〇〇〇トンを超えているところもあります。八代では想定を超える洪水が来ても、十分に流すことが可能です。

以上に加え、萩原堤防の厚みを増し、強化するという計画があります。図4は、国土交通省資料「球磨川の治水対策について」（平成一四年一二月二一日）からイメージしたものです。これが実現すれば、八代市の安全は盤石と言えるでしょう。

しかし、討論集会で八代地区の安全性が明確になってくると、国土交通省は「萩原堤防の強化計画はなかった」と言い出しています。もちろん住民側は納得せず、説明会の開催を要求していますが、まだ実現していません。

八代地区の対策は次のようにまとめられます。

図3　国土交通省の内部資料も住民側主張を裏付け

平成11年度　球磨川水系治水計画検討業務報告書

萩原強化堤防区間（右岸6.4～8.4k）の現況流下算定結果（単位：トン／s）

地点	6.4k	6.6k	6.8k	7.0k	7.2k	7.4k	7.6k	7.8k	8.0k	8.2k	8.4k
現況	9,589	9,133	9,038	9,148	9,019	9,382	9,555	9,578	9,759	10,673	11,539

八代の最重要地区である萩原堤防では、
どの地点の流量も、毎秒9000トンを大きく上回っていることがわかります。
八代では、想定以上の洪水流量でも十分に流すことができます！

図4　250年間決壊していない萩原堤防を、さらに強化する計画！

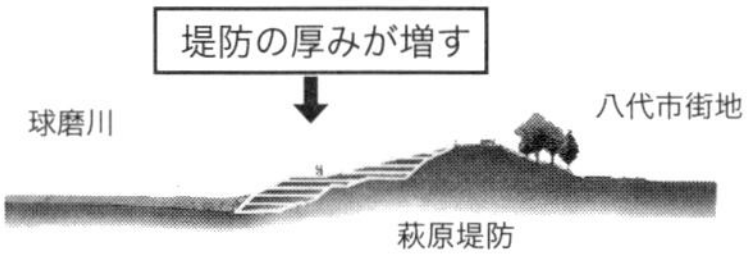

八代の安全性は、さらに高まります

八代地区の対策

●現状でも十分な流下能力があり川辺川ダムは不要です。

●さらに堤防の強化対策をとればより安全になります。

図5　改修が進み、川幅が広がった人吉の球磨川

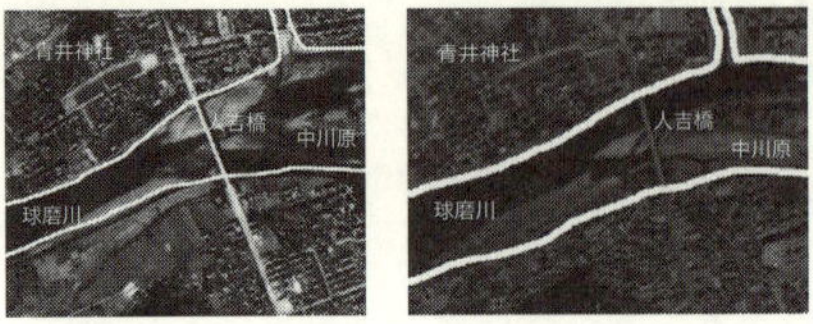

1960年頃
人吉橋下流で川幅が狭くなっている。堤防も未整備。

1980年頃
堤防が完成し、川幅も広がっている。

(2) 人吉地区

人吉市は、九州の小京都とも呼ばれる旧相良藩の城下町です。周囲を急峻な山々に囲まれた人吉盆地に位置し、約四万人の人々が暮らしています。この人吉のすぐ上流で、球磨川本流に川辺川が合流しています。

図5は、一九六〇年頃と一九八〇年頃の、人吉橋周辺の航空写真です。一九六〇年頃は、川幅が狭く、堤防も未整備の状態です。一九八〇年頃には堤防の整備もすすみ、川幅も広がっていることがわかります。

ところが、くわしく検討していきますと、河川改修が必要な箇所も出てきます。

図6は、人吉市中心部の地図です。球磨川本流に、胸川と山田川という二つの支流が南北から合流し、それによって中洲（中川原）が形成されています。

中川原周辺には大量の土砂が堆積しています。太い線の部分の上流側から見た川の断面図（河道横断図）を次に示します。

図６

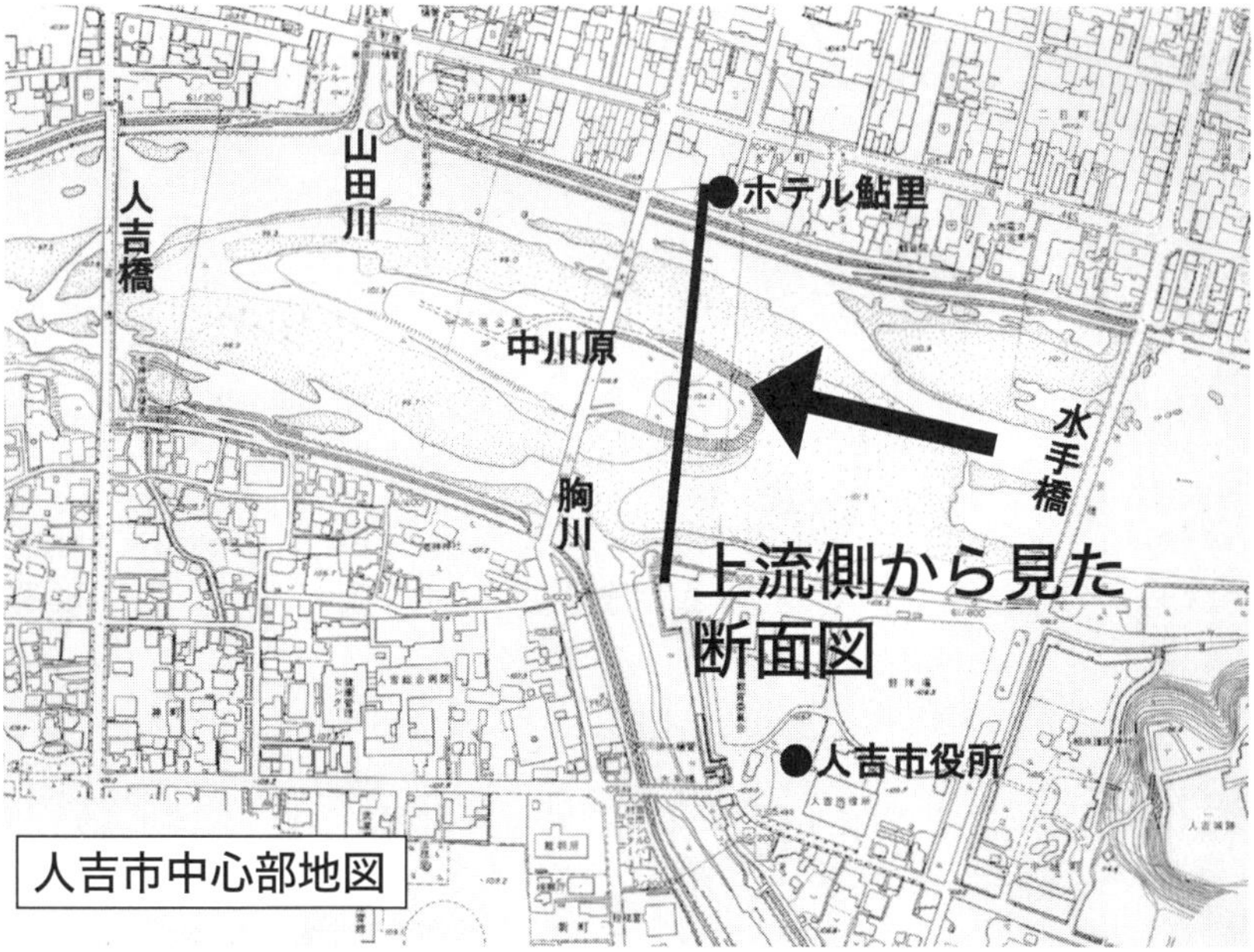
ホテル鮎里
山田川
人吉橋
中川原
水手橋
胸川
上流側から見た
断面図
人吉市役所
人吉市中心部地図

上流からみた中川原

図7は、建設省（当時）が作成した、一九九四（平成六）年の人吉市中心部（河口より六一キロメートル六〇〇地点）の河道横断図に色をつけたものです。グレーの部分が、通常水位の上にたまっている土砂です。

中川原周辺には、このように大量の土砂が堆積しており、球磨川下りの遊船も中河原の右岸側しか航行できません。この土砂（グレー部分）を取り除けば、洪水時の水位は確実に下がります。

図8は、同じく建設省（当時）が作成した、一九九四（平成六年）年の人吉市内（河口より六一キロメートル六〇〇地点）の河道横断図です。当時の建設省の計画では、通常の水位より一・五メートルほど（図中の矢印の深さまで）川底を掘る計画でした。

この計画の通り川底を掘り下げれば、洪水時の最高水位がさらに下がるのは確実です。

しかし、国土交通省は、「二〇〇一（平成一三）年に訓令が変わり、川底を掘る計画はなくなった」と主張を変えました。従来の計画どおりに河床を掘削すれば、それだけで川辺川ダム事業を続ける根拠がなくなるから、この計画を抹消したとしか考えられません。

図７　河道横断図（人吉市中心部）
61 ㎞ 600 地点

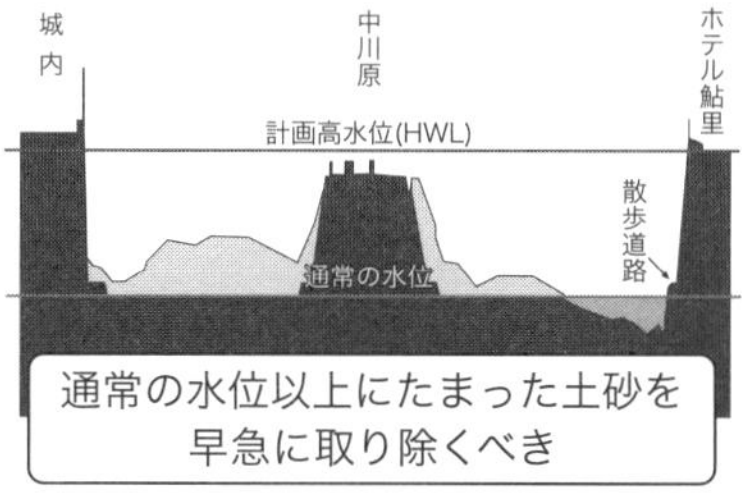

図８　河道横断図（人吉市中心部）
61 ㎞ 600 地点

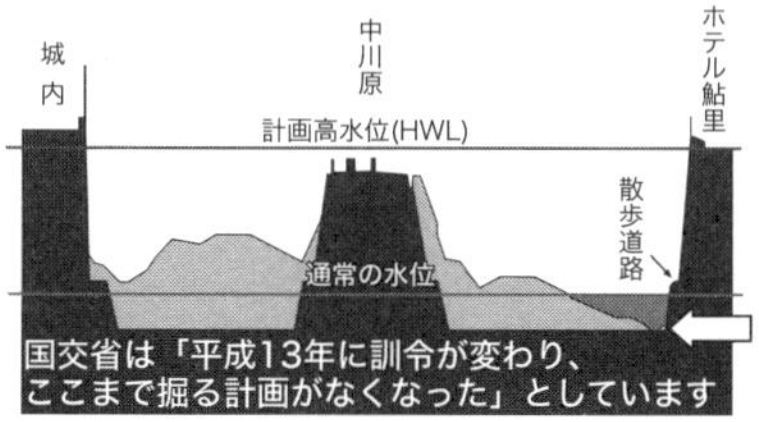

図９　台風 16 号時の人吉市九日町
61 ㎞ 600 地点付近（2004 年 8 月 30 日）

たまった土砂を取り除けば、
洪水の水位はさらに下がります

図10　人吉橋左岸　61 ㎞ 100 地点

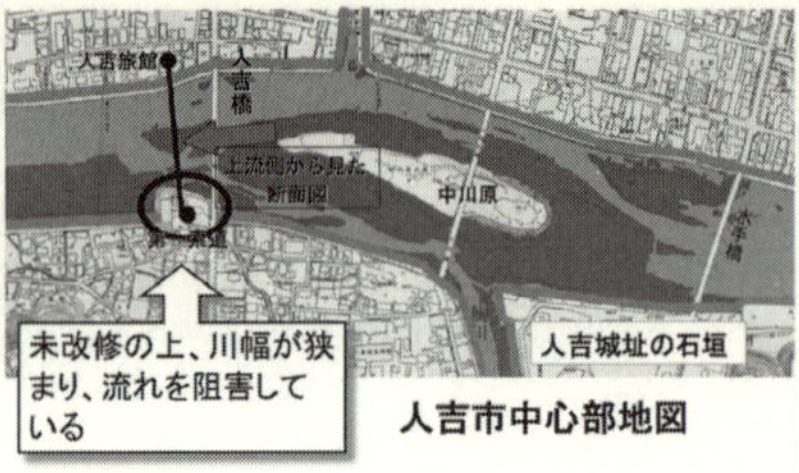

人吉市中心部地図

図11

人吉橋左岸　下流側より見た写真

図9は、二〇〇四（平成一六）年八月三〇日、台風一六号時の人吉市中心部の球磨川の増水状況です。この時の最大流量は、毎秒四三〇〇トン（速報値）でした。国土交通省の主張では毎秒四〇〇〇トンしか流すことができないはずの球磨川で、毎秒四三〇〇トンが余裕を残して流れるのです。

この地点周辺に貯まった土砂を取り除けば、洪水の水位はさらに下がります。

図10は、未改修の上に、川幅が狭まり流れを阻害している、人吉橋左岸周辺の地図です。

図11は、現場を下流側から見た写真です。約四〇メートル、堤防から川の中にせり出しています。

その部分の河道断面図を、図12に示します。グレーの部分が未改修の部分です。ここを改修し、川幅を広げれば、この地点の河道断面積は約二〇％広がります。

このような河道の整備を進めたならば、人吉では過去最大の洪水流量（毎秒五四〇〇トン）を、現在よりも余裕を持って流せるようになります。

図12　人吉橋地点（61㎞100）河道断面図

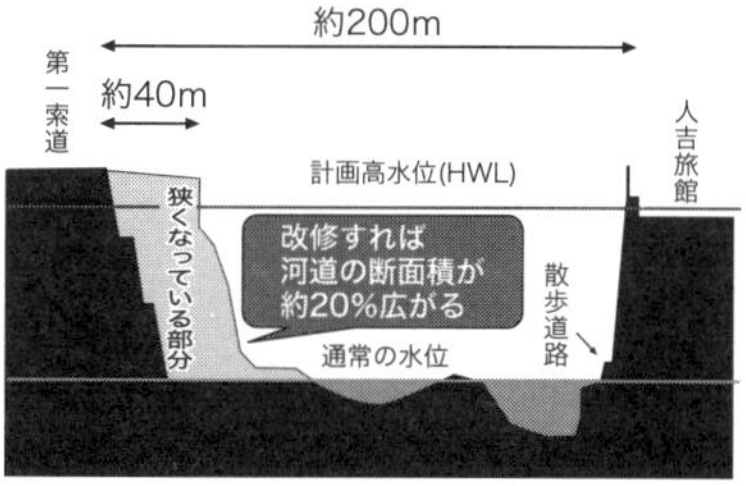

図13　台風16号時球磨村・渡地区の住宅地（2004年8月30日）

内水排水ポンプが未設置で球磨川に水が排水できない

図13は、台風一六号時の球磨村・渡《わたり》地区の浸水の様子です。この地区は、人吉盆地の最下流部に位置します。

この浸水は、球磨川からの氾濫ではなく、球磨川に流れ込む支流の氾濫（内水）によるものです。内水を排水するポンプが未設置のため、球磨川本流に内水を排水することができずに起こった浸水なのです。排水ポンプの設置が今、最も求められています。

人吉地区の治水対策をまとめると、次のようになります。

人吉地区の対策

- ●通常の水位以上にたまった土砂の撤去
- ●人吉橋左岸の改修
- ●内水排水施設の充実

河道の整備は地元業者で十分施工できるので、地域振興のためにも、地域密着型の公共事業への転換が求められています。

球磨村・芋川地区の改修工事

ダム本体は、大手ゼネコンしか受注できませんが、
河道の整備は、地元業者が受注できます。
●総合的な治水対策は、地域振興にもつながります！

図 14

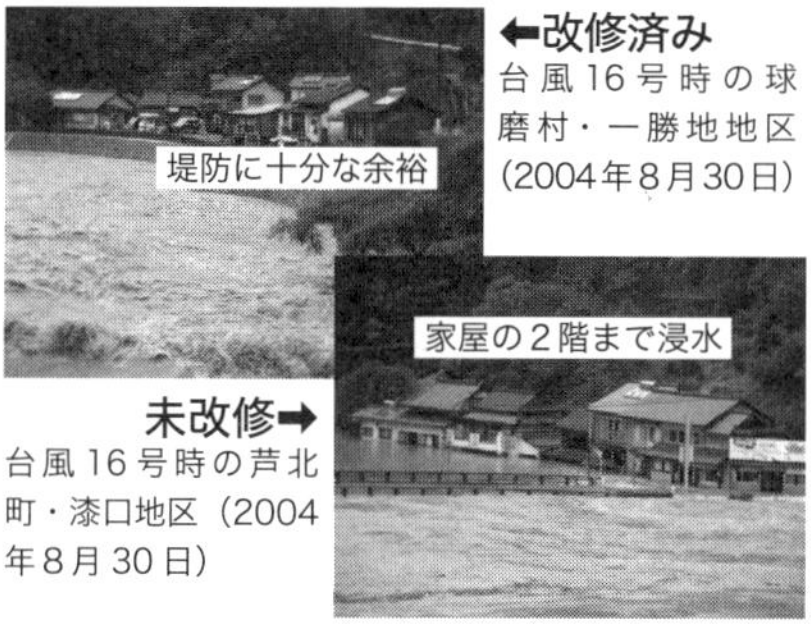

⬅改修済み
台風16号時の球磨村・一勝地地区（2004年8月30日）

未改修➡
台風16号時の芦北町・漆口地区（2004年8月30日）

（3）中流域

人吉市街地を過ぎて八代平野に至る間の中流域は、急峻な山地の間を縫うように球磨川は流れています。ここには、発電用の荒瀬《あらせ》ダムと瀬戸石《せといし》ダムがあります。

図14は、台風一六号時の、いずれも中流域の写真です。河川改修が完了している地区と完了していない地区では、状況が全く違います。

改修が済んだ球磨村・一勝地《いっしょうち》地区では、被害がなく、堤防にも十分な余裕がありました。一方、未改修の芦北町・漆口《うすぐち》地区では、家屋の二階まで浸水しました。住民から、改修の早期実施が強く要望されています。

この漆口地区では、下流に瀬戸石ダムができるまでは、ここまで浸水することはありませんでした。瀬戸石・荒瀬の両ダム周辺では、ダム完成以降、たびたび浸水するようになったのです。どうしてでしょうか？

瀬戸石ダム（2014年水利権更新）
↓
瀬戸石ダムも撤去しましょう！

荒瀬ダム
（2010年撤去開始）

図15　瀬戸石ダム　ゲート全開時
2005年2月11日

瀬戸石ダムを撤去すれば、洪水時の水位がぐっと下がります！

図15は、二〇〇五（平成一七）年二月一一日、瀬戸石ダムのゲート全開時の様子です。ダム堤には、約五メートルの高さの基礎部分があります。もしこの基礎部分も含めて、完全にこのダムを撤去すると、洪水時の水位が大きく下がることは明らかです。

また、現在、瀬戸石・荒瀬の両ダムに堆積した土砂は、洪水の水位を押し上げています。

二〇一〇年の撤去開始が決定した荒瀬ダムとともに、二〇一四年に水利権更新を迎える瀬戸石ダムも撤去すれば、中流域の安全はさらに高まるでしょう。また、球磨川に昔の清流が戻ることは明らかです。中流域の対策をまとめると、次のようになります。

中流域の対策（球磨村・芦北町・坂本村）

●遅れた河川改修の早期実施
●荒瀬ダム・瀬戸石ダムにたまった土砂の撤去
●荒瀬ダム・瀬戸石ダムの完全撤去

瀬戸石《せといし》ダム（2014 年水利権更新）も撤去し、美しい球磨川を取り戻しましょう！

2003 年以降の冬場には、球磨川中流域の瀬戸石ダムと荒瀬ダムが、堆砂処理や護岸補修などのためにゲートをあけてほぼ空になり、すばらしい清流が復活しています。

いつもは、底にヘドロがたまった汚いダム湖が、流れが復活しただけで川底もぴかぴかになり、川石の裏には最も清流にすむ水生昆虫のカワゲラもいて、驚きました。

球磨村の神瀬《こうのせ》地区に巨大な「高音《たかおと》の瀬」が出現しているのをはじめ、坂本村までダムの底から瀬が連続して出現しています。瀬は川の水に多くの酸素を取り込み、水質をきれいにします。

両ダムがなければ、球磨川下りの「急流コース」に匹敵する、すばらしい観光資源が生まれるでしょう。また、これだけ瀬があるのですから、人吉よりも八代のほうが球磨川の水質がよくなると思います。

さらには、２つのダムが造られる以前のように、人吉にもアユの大群がのぼってくるでしょう。洪水にたびたび襲われるダム湖周辺の地域は、洪水の水位がぐっと下がるはずです。九州山地に降ったきれいな水と森林の栄養がそのまま海まで流れ、八代海もきれいになるでしょう。

新河川法により、ダムの水利権更新のときに住民の意見を聞くことになり、荒瀬ダムは 2010 年からの撤去が決まりました。瀬戸石ダムの水利権更新は 2014 年。あと九年後です。荒瀬ダムに続き瀬戸石ダムも撤去できたら、美しい昔の球磨川がきっと取り戻せるに違いありません。

左・瀬戸石ダム湖から出現した清流（芦北町吉尾）　中・荒瀬ダム湖から出現した清流（坂本村鎌瀬）　右・瀬戸石ダム湖から出現した高音の瀬（球磨村神瀬）（いずれも 2004 年 1 月 24 日撮影）

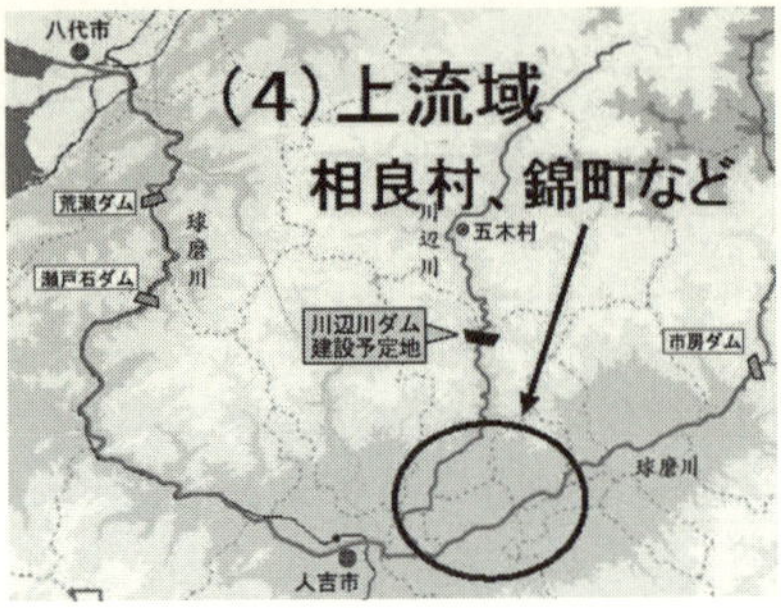

図16　台風16号時の相良村・棚葉瀬地区の水田（2004年8月30日）

(4) 上流域

球磨川と川辺川の合流点よりも上流域は、豊かな田園地帯となっています。

図16は、台風一六号時の相良村・棚葉瀬《たなばせ》地区の水田の浸水の模様です。水田が一時的に河川の洪水の一部を貯留し、遊水地の役割を果たしています。水勢から耕作地と作物を守る水害防備林のおかげで、作物への被害はほとんどなかったようです。

図17は、同じく台風一六号の時に冠水した、錦町・木綿葉《わうば》大橋左岸の水田と、一日たった次の日の状態です。ここでは、球磨川の堤防に開口部があり、水害による増水を緩やかに水田に導く、昔からの工夫が今も生かされています。ここでも、水田が見事に遊水地の役割を果たしています。作物への被害もほとんどなかったようです。

図18は、佐賀県の牛津川流域にある、牟田辺《むたべ》遊水地です。総合的

図 17

台風 16 号時 ➡
錦町・木綿葉橋左岸の水田。2ｍほど冠水している（2004 年8月 30 日）

⬅翌日の様子
水もひいて、水田への被害もないようです（2004 年8月 31 日）

図 18

佐賀県・牟田辺遊水地の事例
■ふだんは、農地等に利用。
■中小洪水時には、強力なポンプで内水を排出し、田畑の浸水を防止。
■大洪水時には、河川の洪水の一部を一時的に貯留させ、下流地区の洪水の低減。
農家は、洪水時の被害が減少したうえ、
遊水地としての補償も受けられる！

な治水対策を考えるうえで非常に参考となる実例です。

以上述べてきましたように、耕作している水田をうまく活用し、洪水のピーク流量を引き下げることができます。

実際に、二〇〇四（平成一六）年八月三〇日の台風一六号時、相良村や錦町の広い範囲の水田が冠水しました。水田が一時的に河川の洪水の一部を貯留し、遊水地の役割を果たしているのです。それらの水田が冠水により被害が生じた場合は、内容に応じて被災農家に十分な補償をすべきです。

上流域の対策をまとめると、次のようになります。

上流域の対策（相良村、錦町など）

●被災農地への補償（遊水地指定）
●部分的な堤防強化・道路のかさ上げ

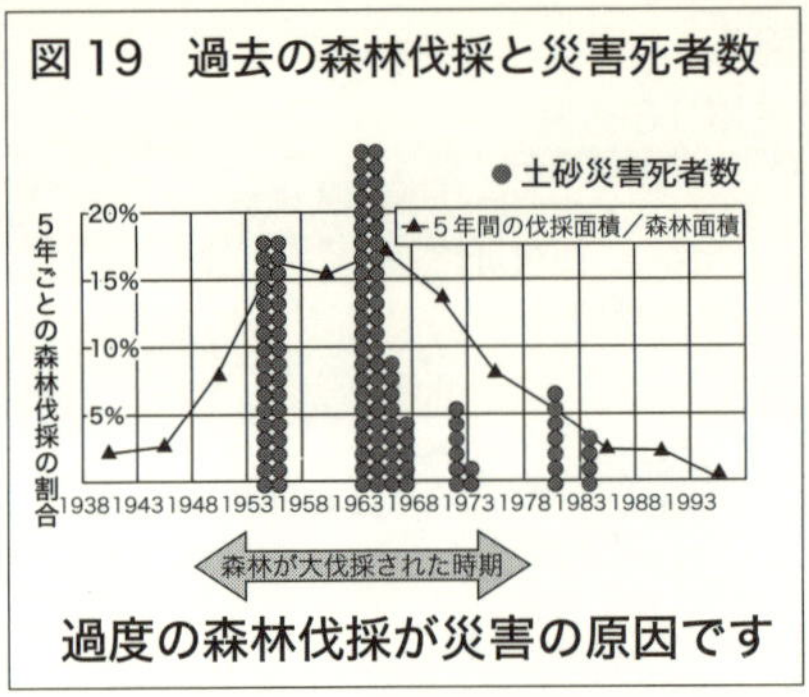

(5) 五木村

子守唄の里として名高く、四方を急峻な山々に囲まれた、緑豊かな山村です。川辺川ダム建設予定地の上流に位置し、村の中心地の頭地地区は、ダムができれば完全に水没してしまいます。

扇千景・国土交通大臣（当時）は二〇〇一（平成一三）年三月の国会答弁で、過去の豪雨災害で球磨川水系で亡くなられた方は五四名とし、川辺川ダム建設の必要性を強調しました。しかし、先にも述べたように、その内の五三名の方々は土砂災害による犠牲者です。たとえ川辺川ダムがあっても救うことはできませんでした。

土砂災害でなくなられた方々を、図20に●で示しました。流域ではなぜこんなに多くの犠牲者を出した土砂災害が起こったのでしょうか。

図19のグラフの▲の折れ線は、球磨川流域の全森林面積に対する五年毎の伐採面積率の推移を示しています。このグラフからみると、一九四八（昭和二三）年から一九七八（昭和五三）年までの三〇年

図 20

過去の豪雨災害で亡くなった方々のほとんどは土砂災害が原因

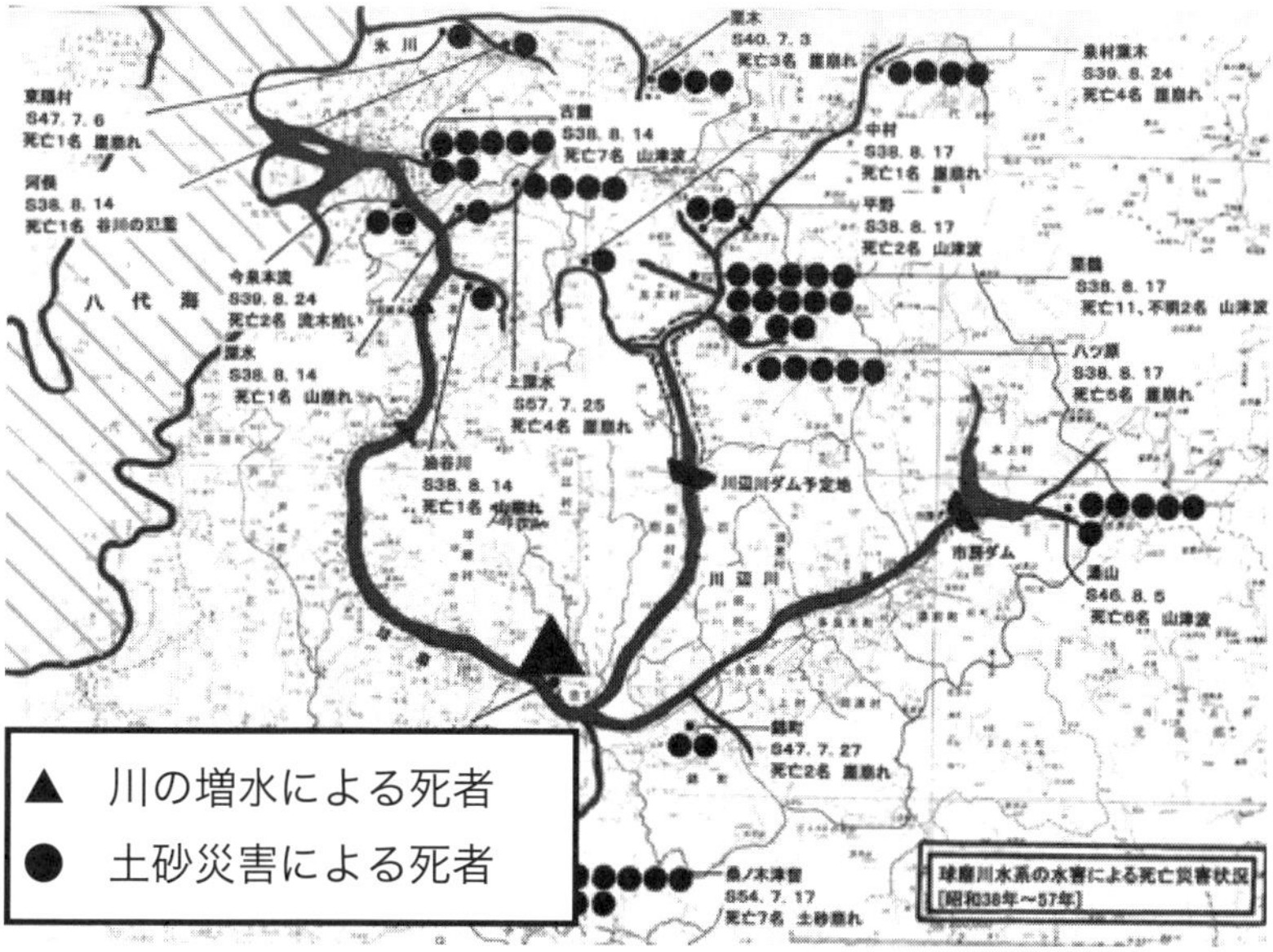

川辺川ダムでこれらの方々は救えない！

図21　間伐が適正に行われた森林

間に、全森林面積の約八割が伐採されたことになります。当時の山は、人工の幼木林か伐採跡地がほとんどでした。

図20の●は、図19で示した流域の土砂災害で亡くなられた方々です。森林が大伐採された時期と、土砂災害で亡くなられた方の多かった時期は、一致することがわかります。

山は伐採してすぐ植林したとしても、伐採後一〇年位の時期に斜面崩壊が起こりやすく、最も危険な状態であるといわれています。この五三名の方々は天災でなく人災の被害者といっても過言ではないでしょう。「治山なくして治水なし」です。

球磨川流域では、一九五〇年代から七〇年代ごろにかけて原生林の伐採と大規模植林が行われました。それから今日までの間、当時植林した人工林も確実に成長しています。

図21は、球磨村神瀬地区の、間伐が適正に行われた人工林です。下草や下層木（広葉樹）が茂り、根をはり、植林木も充分に日光に浴し、根を深くそして広く張って、しっかりと土地をつかんでいます。

しかし、まだまだ、間伐などの手入れされないまま放置されてい

⬅崩れた放置人工林（2003年7月水俣市宝川内災害）

台風で倒れた放置人工林（五木村下梶原地区）➡

図22　放置人工林（間伐されていない森林）

る杉やヒノキの人工林（放置人工林）が多いのが現状です。

図22は、球磨村神瀬地区の放置人工林です。放置人工林では、間伐されていないために日光も入らず真っ暗で、下草・下層木も生えず、表土の流亡も見られます。そのため、浸透能（山林が水をしみこませる能力）も充分回復できず、強い雨のときには、放置人工林の地面では地表流が頻繁に見られます。

放置人工林では、一本一本の木が「もやし」のようにひ弱で、木の根が土をつかむ力も弱く、地滑りや山腹崩壊、土石流などの土砂災害を引き起こします。多数の被災者を出した、二〇〇三（平成一五）年七月の水俣市宝川内での土砂災害も、放置人工林が災害を拡大した一因と考えられます。放置人工林の適正間伐を急がねばなりません。

私たちは、川辺川ダムに替わる、「緑のダム」森林整備計画を提案します。球磨川流域の放置人工林を適正な間伐により、針葉樹と広葉樹の混交林に変えていくのです。そうすることで、山林の保水力は高まり、土砂災害から住民の生命財産を守ることもできます。

図 23 「緑のダム」森林整備計画
（整備期間を 20 年で試算）

●必要総労力
40（人・日 /ha）× 100,000（ha）
＝ 4,000,000（人・日）

●一日あたりの人員数
4,000,000（人・日）/250（日 / 年）/20（年）
＝ 800（人）

● 20 年間の雇用総費用
800（人）× 500 万（円 / 年）× 20（年）
× 50%（国庫補助） =400 億円

川辺川ダムの維持管理費 650 億円（50 年間）よりも安く実現可能です。

「緑のダム」は雇用を生み、地域を活性化します！

「緑のダム」森林整備計画

●適正な間伐による針広混交林化
球磨川全流域の森林面積（約 16 万 ha）の 63%の人工林（約 10 万 ha）で、森林組合を核にした「森林整備隊」を組織して間伐を実施

放置人工林

間伐

針葉樹と広葉樹の混交林

図23は、「緑のダム」森林整備計画の必要労力と雇用総費用です。「緑のダム」は、川辺川ダム完成後の維持管理費（毎年約一三億円）より安く実現できます。

コンクリートのダムには寿命がありますが、緑のダムは時間の経過とともに効果が大きくなります。また、森林整備の費用は、災害防止のため、いずれにしても必要なものです。

五木村の対策をまとめると、次のようになります。

五木村の対策

荒れた人工林の間伐を進め、山林の保水力を高める。
- ●土砂災害から生命を守ります
- ●洪水のピーク流量を下げます
- ●地域の雇用も確保されます

第三章「川辺川ダムに頼らない球磨川流域の総合治水対策」をまとめると、次のようになります。

球磨村・芋川地区の改修工事

間伐材の搬出作業（あさぎり町上）

総合的な治水対策のまとめ

（１）八代地区
●現状でも堤防に十分な余裕がある
（２）人吉地区
●たまった土砂の撤去、改修の完成
（３）中流域（球磨村・芦北町・坂本村）
●改修の早期実施、既存のダム撤去
（４）上流域（相良村、錦町など）
●被災農地への補償（遊水地指定）
（５）五木村
●荒れた人工林の間伐

第4章

国土交通省の治水計画（基本高水流量）の問題点

人吉では、過去最大の洪水流量は 1982 年 7 月 25 日の毎秒 5400 トン。

ところが国土交通省は**「毎秒 7000 トンの洪水が 80 年に一度発生するので、川辺川ダムが必要だ」**と主張しています。

※基本高水流量とは…洪水を防ぐための計画において基準とする洪水流量のことです。人吉の基本高水流量を国土交通省は毎秒 7000 トンとしています。80 年に一度の雨（2 日間に 440 ミリ）が降ったとき、人吉では、毎秒 7000 トンの洪水が発生するという計画です。

国土交通省は基本高水流量を決定し、その値を元にダムを含む河川の治水計画を策定しています。

国土交通省は、人吉地点の八〇年に一度の基本高水流量を、毎秒七〇〇〇トンと算定しています。つまり、「人吉で毎秒七〇〇〇トンの洪水が八〇年に一度発生するので、川辺川ダムが必要だ」というのが国土交通省の主張です。

ところが、人吉地区の過去最大の洪水流量は、一九八二（昭和五七）年七月二五日の毎秒五四〇〇トンです。

住民側の主張する、人吉地点での基本高水流量・毎秒五五〇〇トンは、統計が残されている過去約八〇年間の最大洪水流量とほぼ同じです。双方の主張する基本高水流量の差（一五〇〇トン）は、なぜ生じたのでしょう。

基本高水流量の算出方法【人吉地区】

	用いた雨量、流量などデータの量	算出方法
国土交通省 毎秒 7000 トン	1927 年〜 1965 年 38 年間のデータ	今ではほとんど使われない『単位図法』
住民側 毎秒 5500 トン	1953 年〜現在 約 50 年間のデータ	最新のデータを用いた『流量確率法』 現在の森林保水力を考慮

80 年に一度の規模の洪水流量
基本高水流量【人吉】

国土交通省
毎秒 7000 トン

住民側
毎秒 5500 トン
※過去 80 年間の最大洪水流量とほぼ同じ

1500 トンの差はなぜ生じたのか？

では、国土交通省と住民側との算出方法を比べてみることにしましょう。

国土交通省は、基本高水流量の算出にあたって、一九二七（昭和二年）年から一九六五（昭和四〇）年までのデータしか使用しておらず、算出方法も今ではほとんど使われない「単位図法」という古い手法を用いています。

一九六六（昭和四一）年の計画発表以降、現在に至るまでの約四〇年間のデータを用いて基本高水流量を見直そうとはしていません。

つまり、約四〇年間、計算方法の見直しもデータの追加も行っていないのです。科学的な技術集団であるはずの国土交通省が四〇年間のデータを無視し続けていることは、常識では考えられないことです。

一方、住民側は、一九五三（昭和二八）年から現在までの約五〇年間のデータを用いた「流量確率法」、そして現在の森林の保水力を考慮して基本高水流量を算出しています。

図24　人吉上流域における森林の成長

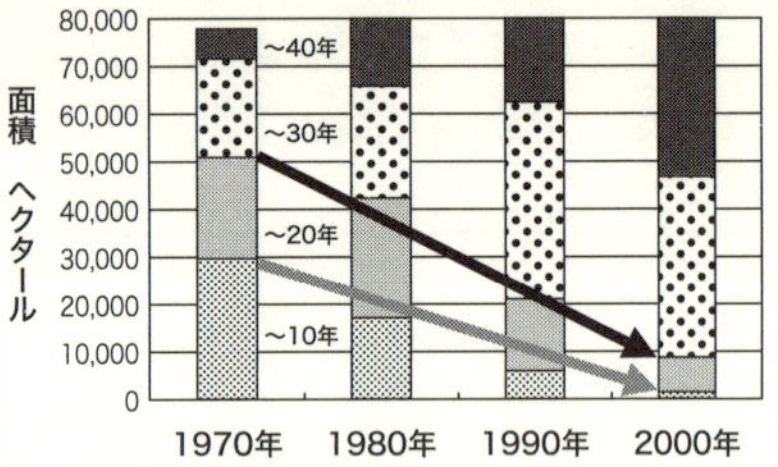

図25　最新データと現在の森林保水力で基本高水流量を計算すると

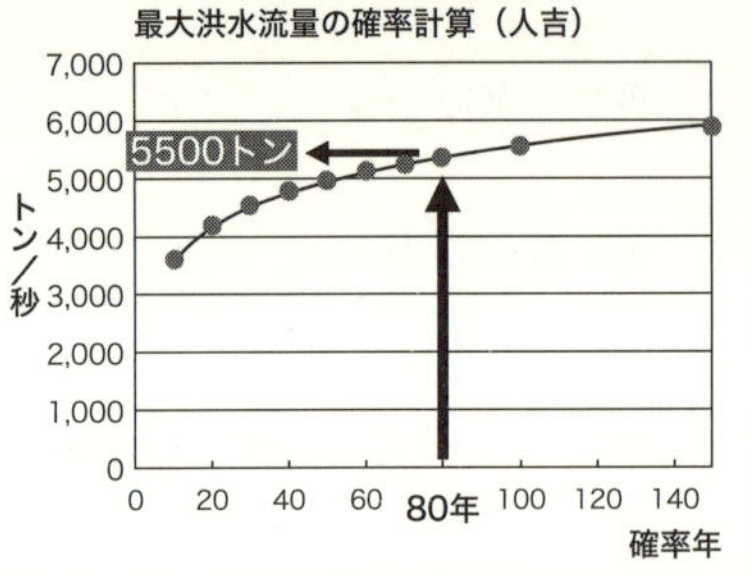

図24は、人吉上流域における森林の成長の様子を表したものです。一九七〇（昭和四五）年には樹齢二〇年未満の幼木が多かったのが、人工林が生長し、現在では三〇年以上のものがほとんどを占めるようになりました。人工林の生長と比例するように、同じ雨の降り方でも洪水流量が減少する傾向が現れています。

図25は、住民側の専門家が最新のデータを用い、森林の保水力を考慮に入れて流量確率法で計算した基本高水流量の確率年との関係を示したグラフです。人吉地点における八〇年に一度の基本高水流量は、毎秒五五〇〇トンとなります。

また、国土交通省の内部資料（平成一〇年度球磨川水系治水計画検討業務報告書）も、国土交通省が主張する人吉地点での基本高水流量・毎秒七〇〇〇トンが過大であることを裏付けています。（図26）

それでは本当に、国土交通省が主張するような毎秒七〇〇〇トンの洪水が人吉で発生するのでしょうか。

国土交通省の計画では、二日間で四四〇ミリの雨が降ったときに、

図26　国土交通省の内部資料も住民側主張を裏付け

平成10年度　球磨川水系治水計画検討業務報告書
§4.3　基本高水の設定
S57年7月12日洪水をもとにした「今回検討基本高水流量」
○基本高水流量
〔今回設定〕横石9,390トン/s 人吉5,460トン/s
○検証用確率流量（流量確率手法）
人吉の確率流量6,060トン/s
誤差を含む上・下限値6,630～5,490トン/s

人吉地区の基本高水流量
毎秒7000トンは過大である！

図27　本当に毎秒7000トンの洪水が人吉で発生するのか？

	国の基本計画	1995年7月
2日間雨量	440ミリ	447ミリ
最大流量（毎秒）	7000トン	3900トン

雨量は同程度なのに流量は約56%！
基本高水流量7000トンに科学的根拠はない！

人吉で七〇〇〇トンの洪水が発生することになっています。ところが、一九九五（平成七）年七月三日の洪水では、四四七ミリの雨が降ったのに、人吉の流量は三九〇〇トンでした。図27にそれらの数字をまとめました。

つまり、雨量は同程度なのに、国土交通省の想定する洪水流量の約五六％の流量しか発生しなかったのです。国土交通省の基本高水流量七〇〇〇トンに科学的根拠はありません。

まとめ

人吉では、過去最大の洪水流量（一九八二（昭和五七）年七月二五日の毎秒五四〇〇トン）程度の洪水を想定した治水計画が、より実現的です。

第5章

これからの治水のあり方を考える

(1) 多目的ダム誕生の背景

日本各地の低地に都市化が進む中、都市を水害から守るため、政府は一八九六(明治二九)年に河川法を成立させ、国策としての治水を進めるようになりました。

この治水は、それまで市民が大切にしていた川と共生し、洪水の恵みを生かす霞堤(かすみてい)や乗り越し堤を否定した「高水工事」と呼ばれるものでした。連続堤防で洪水をすべて川の中に閉じ込めてしまう治水です。この治水は多くの川を天井川にしてしまい、都市を危険にさらしてしまうことになりました。

第二次世界大戦後、コンクリート技術が進歩し、高水工事は河川の上流にまで及んでいきました。その結果、予想外のことを引き起こしました。水害の拡大でした。一九六六（昭和四一）年七月の人吉の大水害もその一例です。人吉市よりも上流の球磨川本流の河川改修を優先させた後の出来事でした。この矛盾を解決するために持ち込まれたのが多目的ダムでした。洪水をダムに貯留し、その水を水道やかんがい、発電などに利用することを目的としたダムです。

ダムの必要性や代替手段をきちんと検討すれば、多くのダムをつくる必要はありませんでした。ところが、ダム工事の利権が絡んだため、「まずダム計画ありき」ということで、多くのダム計画が進められてきました。

(2) 基本高水と巨大ダム建設

基本高水という概念は、戦後に持ち込まれたものです。国土交通省は、基本高水のピーク流量（基本高水流量）を、洪水を防ぐための計画において基準とする流量としています。住民討論集会でも一番多くの時間を割いて議論されていました。

国土交通省は、球磨川の人吉地点の基本高水流量を毎秒七〇〇〇

図28　球磨川（人吉地点）の基本高水流量・計画高水流量の変遷

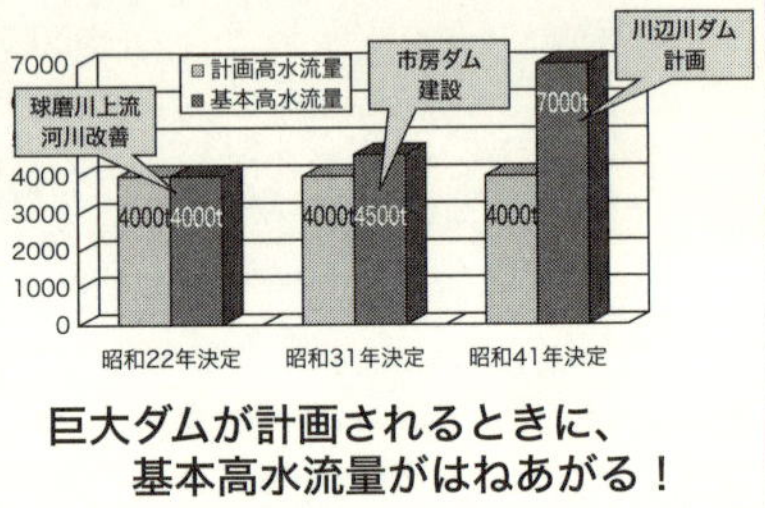

図29　利根川（栗橋地点）の基本高水流量・計画高水流量の変遷

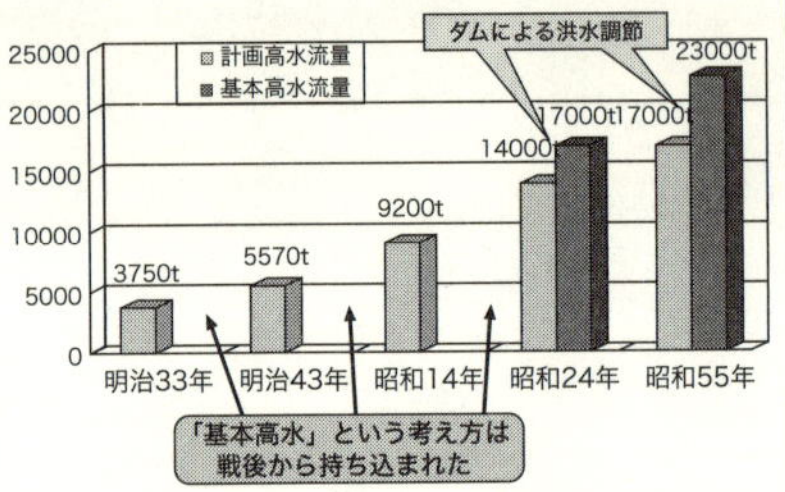

トンと決定し、これはいかなる理由をもってしても変更することができない自然科学的法則性のように宣伝していました。この基本高水流量は本当に客観的で普遍的な数値なのでしょうか。

図28は、球磨川の人吉地点における基本高水流量と計画高水流量の変遷を示したものです。計画高水流量は、河川の各地点において毎秒何トンの流量が流せる川にするかを決定した数値です。

計画高水流量は一九四七（昭和二二）年以降、毎秒四〇〇〇トンのまま継続され、巨大ダムが計画されるたびに基本高水流量だけが水増しされました。基本高水流量は、どれくらいの大きさのダムを建設するかを示した数値でしかないとも言えるでしょう。

図29は利根川の栗橋地点における基本高水流量と計画高水流量の変遷を示したものです。

計画高水流量も絶対的なものではなく、配分される予算によって次々と変更されてきたとも言えるでしょう。

図 30　①ダムの寿命は短い

ダムは堆砂で埋まってしまう。
コンクリートの寿命は短い。
ダム撤去には莫大な費用がかかる。

図 31　②ダムは地域の文化を破壊し生態系を破壊してしまう

農業・林業・漁業の衰退を招く。
自然環境と歴史的に形成された景観を破壊する。
里山文化と地域社会を破壊する。

(3) 多目的ダムの功罪

①多目的ダムを「善玉」として、多くの人たちが受け入れた

ダムが描き出す素晴しい幻想に惹かれて、多くの人々がダム見学に訪れました。学校でも社会科などで熱心に教えられ、子どもたちも見学に訪れていたものです。水害を引き起こす洪水をダムに貯めれば水害がなくなる。さらに、ダムに貯めた水を水道やかんがい等に利用することができる……。このような、ダムを一方的に宣伝するパンフレットは、今でもあふれています。

②ところがダムは「悪玉」であった！

ギリシャ時代にプラトンという哲学者はダムが農業を破壊していることを指摘していますが、多くの人々がダムの弊害に気付くのは遅れてしまいました。

でも今日では、図30・図31に示すような「ダムの害」は、今や世界中の人々の常識になってしまいました。

（4）世界の新しい治水の動き

①アメリカの動向

一九九三年にアメリカの開墾局総裁に就任したダニエル・ビアード氏は「アメリカにおけるダムの建設の時代は終わった」と宣言しました。

そのビアード氏が一九九五年に来日し、フォーラム「川と開発を考える」で基調講演を行いました。彼は、ダム建設終結の理由として「①大規模な水資源開発事業にかかる莫大なコストと財政面での制約、②河川の自然と文化に対する価値観の変化、③土壌の塩害・農業汚染・漁業の衰退や消滅・先住民族文化の破壊・貯水池の堆砂問題・ダムの危険性などを解決するための環境コスト、④節水などダム建設に頼らない多目的水源管理のソフト面での解決策」の四点を挙げました。

アメリカでは多くの市民が「ダムは悪玉でしかない」ことに気付き、ダムに頼らない環境保全型の治水に方向転換しています。行政も市民と同じ歩みを始めたのです。

図 32 高水工事だけが治水対策ではない

ドイツの水法

河川・湖沼は生態系の構成要素であり、動植物の生息域として保全しなければならない

↕ 「川とは何か」という捉え方の違いが治水のあり方に大きく反映している

日本の河川法

洪水、高潮等による災害が防止され、河川が適正に利用され、流水の正常な機能が維持され、及び河川環境の整備と保全がされるよう総合的に管理する

②ヨーロッパの動向

図32はドイツの水法と日本の河川法の第一条を比較したものです。一番大きな違いは、ドイツの治水は「川はすべての生き物が共有しているものである」を前提に考えることにしていますが、日本の治水は「川は人間の独占物である」を前提に考えていることです。

ドイツでは二〇〇二年八月にエルベ川の大洪水で大水害を引き起こしました。その後にドイツはどのような取り組みをしたでしょうか。行政と市民が一体となり、「もっと多くの余地を川に与えなければならない。もし我々人間がそうしなければ、川は自らそれを求めるであろう」との考えを掲げ、具体的には「①自然の氾濫原には何も建設をしない、②堤防を後退させ、氾濫原を再生する、③コンクリートで覆ったり、土壌を固めることに制限を加える、④雨水はそれぞれの流域で保持できるようにする、⑤地表の浸透能を高める、⑥小さな支流の水を取り戻す」に取り組んでいます。

オランダでは「川に道をゆずる」という思想に基づく水管理政策が一九九六年から実施されています。そしてヨーロッパ全体が河川の再自然化に取り組んでいます。「ダムありき」の時代は終わりを告げているのです。

図 33　河川審議会答申に見る日本の治水の大きな転換

1995 年答申：今後の河川環境のあり方について 生物の多様性保全の強調 森林が河川の水量・水質・生態系に与える影響に関する研究の推進
1996 年答申：21 世紀の社会を展望した今後の河川整備 治水施設のみの対応による限界を認識すること 総合的な治水対策が必要である 水と緑のネットワークの整備を提言
1997 年：河川法改定 河川管理の目的：地下水位の保全・塩害防止・清流保持 河川工事：流水の疎通を良くする浚渫工事の重視
2000 年答申：氾濫（はんらん）を前提にした治水対策 連続堤による治水の反省と霞堤（かすみてい）の再評価

（5）日本の新しい治水の動き

①住民運動を支える基本理念

私たち住民は「地元のダムが、日本のダムが、また世界のダムがどのような現象を引き起こしてきているか」を学びあい、ダムは「①河川の生態系を破壊し、②流域住民の産業・生活・文化の破壊を引き起こすものである」ことを確信し、川辺川ダム問題や荒瀬ダム撤去の住民運動に取り組んできました。また、ダムに頼らない治水を考え、それを実現する運動にも取り組んできました。

②河川審議会答申にみる治水政策の大きな転換

図33は一九九七（平成九）年に河川法が改定された前後の河川審議会の動きです。自然の多様性の保全、総合治水、浚渫工事の重視、氾濫を前提にした治水等、その全てはダム問題に取り組む住民が求めてきたことです。

いまや、国も住民と同じ方向で治水に取り組まなければいけない段階にさしかかっているのです。

川との共生　自然の営みを重視した治水対策

1　流域全体の浸透能（保水力）を高める

2　川に多くの余裕を持たせる

①氾濫原・遊水地を確保する
②生態系に配慮して浚渫する
③川にゆとりを持たせる堤防づくり

3　豊かな生態系のある「森と川」の再生に取り組む

(6) これからの治水のあり方

自然は人間の所有物ではありません。ドイツの水法が言う通り、「川は生態系の一部」なのです。そして「私たち人間も生態系の一部」なのです。利権のために川を改造してはならないのです。

このことに気付いた人々は、自然の営みとして存在している川との共生の道を意識的に探り始めました。自然との共生を基本理念とした治水こそ、これからの新しい治水のあり方です。豊かな生態系が生きる川を未来に手渡さなくてはならないのです。

資料　川辺川ダムの体系的代替案

二〇〇三年六月三〇日
住民グループ討論集会対策治水班

1　基本高水流量

国土交通省が示す八〇年に一回の洪水流量（基本高水流量）は、球磨川流域において森林の大面積皆伐が次々と行われ、山の保水力が著しく低下した一九六五年をベースにして求められたものである。その後に植林された森林は大きく生長し、現在の山の保水力は当時と比べて格段に向上しており、現在の森林状態を前提にすれば、国土交通省が示す基本高水流量は古い計算手法の使用も相まって、かなり過大な値になっている。

森林の生長と人工林の針広混交林化推進の効果を考慮して科学的な計算を行った結果、十分な安全度を見た上で、八〇年に一回の基本高水流量として次の値を採用することが妥当であると判断される。

人吉地点　五五〇〇立方メートル／秒
横石地点　七八〇〇立方メートル／秒

2　治水対策（一）

(1)「緑のダム構想」の推進

なお、上記の基本高水流量は、現在までの森林の生長によっておおむね確保されている値であって、現在の森林はその大半がスギ、ヒノキといった人工林であるため、浸透能の高い広葉樹林がほとんどを占めていた一九五〇年代以前と比べれば、その保水力はまだまだ小さい。そこで、一九五〇年代またはそれ以前の森林の状況を再現するため、球磨川流域の人工林を強間伐して針広混交林化し、洪水ピーク流量の更なる低減を進める。当面、上流域、中流域の人工林の五〇％を今後一〇年間で強間伐することを先行して行い、次の一〇年間で残り五〇％の強間伐を行う。なお、適正な間伐（強間伐）による針広混交林化は、斜面崩壊、土石流などの土砂災害を防止する治山対策としても必要不可欠なものであり、本来、代替案にかかわらず、「森林・林業基本法」に基づく事業で実施が要請されている施業である。

(2) 人吉地区

現状でも堤防の天端まで許容すれば、概ね五四〇〇立方メートル／秒の流下が可能であるが、安全性を十分に考慮して、一・五メートルの余裕高を持って流下できる河道断面を確保する。そのため、計画河床高までの河床掘削を行い、未整備の堤防を整備する。

その場合の流下能力　五四〇〇立方メートル／秒
市房ダムの調節量　二〇〇立方メートル／秒
計　五六〇〇立方メートル／秒

よって、八〇年に一回の最大洪水流量五五〇〇立方メートル／秒への対応が可能である。

また、流域住民が堤防の余裕高（一・五メートル）を固守しない場合は、その程度に応じて河床掘削を調整する。

(3) 中流部地区

① 瀬戸石ダムの堆砂を定期的に除去するか、または荒瀬ダムとともに瀬戸石ダムも撤去して、堆砂による水位上昇をなくす。

② 現行計画どおり、計画高水位の洪水に対応できるように、宅地等水防災対策事業（宅地の盛土、家屋の嵩上げ等）や築堤による河川改修を進める。

ただし、荒瀬ダムより下流および瀬戸石ダム貯水区間より上流の一部の地区については現行計画をレベルアップして、計画高水位＋一メートル程度の洪水位に対応できる河川改修が必要である。しかし、流域の森林整備が一〇〇％に近づくにつれて、基本高水流量がさらに低減するので、このレベルアップが不要となる可能性が高い。

(4) 八代地区

現行計画どおり、現況堤防の強化工事を行う。

現況河道の流下能力　八六〇〇立方メートル／秒以上
市房ダムの調節量　二〇〇立方メートル／秒
計　八八〇〇立方メートル／秒以上

よって、八〇年に一回の最大洪水流量七八〇〇立方メートル／秒への対応が可能である。

3　治水対策（二）

以上は環境への影響も勘案した上で、現時点で我々が最良と考える治水の方法である。しかし、球磨川流域の治水計画を立てるに当たっては、どの程度の安全度を確保し、どんな方法を選択するのか、流域住民が納得の上で決めるべきである。そのためには川辺川ダム計画を白紙に戻した上で、河川法に則って住民参加が保証された流域委員会を設置し、その場で決定すべきであると考える。その際に考慮すべき治水対策として、治水対策一で示した対策以外にも以下のようなものがある。

(1) 遊水地

人吉地区の河床掘削量を軽減し、中流部の負担を軽くするため、もしくは治水安全度をさらに向上させる上で、遊水地の設置は有効と考えられるので、地元住民の合意を前提に、遊水地の設置を検討する。

（2）堤防かさ上げ

人吉地区の河床掘削量を軽減するため、もしくは治水安全度をさらに向上させるため、堤防かさ上げの併用が考えられるので、地元住民の合意を前提に、景観に配慮した堤防かさ上げの方法を検討する。

（3）堤防余裕高の活用

地元住民が堤防の余裕高（一・五メートル）を固守しない場合は、その程度に応じて堤防余裕高の活用を検討する。

（4）河床掘削

河道の流下能力を増す方法として、住民の合意が得られるならば、さらなる河床掘削という選択肢もある。

以上

あとがき

豊かな自然を持つ地域社会を未来に手渡すことこそ住民に課せられた責務です

私達、現代人が人間の力を過信して犯してきた過去の誤りに気付き、これを改めた時に、初めて私達は人間の尊厳を取り戻したと言えるでしょう。

先人の英知を現代に生かし、人間も自然の中の一部であり、自然に生かされていることを知り、自然の摂理に合った総合治水対策を実現させ、たくさんの尺アユが生息する清流を私達の手にとりもどし、次世代に引き継ごうではありませんか。

二〇〇五年六月　川辺川ダム問題ブックレット編集委員会

■参考文献

福岡賢正「国が川を壊す理由」葦書房　一九九六年
川辺川研究会「球磨川の治水と川辺川ダム」二〇〇一年
大熊孝「技術にも自治がある」農文協　二〇〇四年
芦田和男他「河川の土砂災害と対策」森北出版　一九八三年
松本幡郎「川辺川ダムの地質的問題」川辺川研究会
上野鉄男「川辺川ダム計画の問題と求められる治水対策」川辺川研究会
住民グループ討論集会治水班「川辺川ダム住民討論集会資料集」二〇〇二年一二月
九州地方建設局八代工事事務所、川辺川工事事務所「『暴れ川』球磨川　水害記録集」
建設省九州地方建設局川辺川工事事務所「川辺川ダム事業について」平成一〇年七月
建設省川辺川工事事務所「川辺川ダム事業についてお知らせしますNo・一～No・六」
国土交通省九州地方整備局川辺川工事事務所「球磨川水系の治水について」平成一三年一〇月
国土交通省川辺川工事事務所「川辺川ダム建設事業Q＆A」平成一三年一〇月
国土交通省九州地方整備局川辺川工事事務所「球磨川の治水対策について」平成一四年一二月
熊本県企画振興部「川辺川ダムを考える住民討論集会　論点（治水）」平成一五年

<川辺川ダム問題ブックレット編集委員会>

■清流球磨川・川辺川を未来に手渡す流域郡市民の会

■子守唄の里・五木を育む清流川辺川を守る県民の会

■川辺川研究会

連絡先： 〒860-0073 熊本市島崎 4-5-13

中島 康 宛

電話 096-324-5762

川辺川ダムはいらん！ 住民が考えた球磨川流域の総合治水対策

2005年8月22日 初版第1刷発行

編者 ——川辺川ダム問題ブックレット編集委員会
発行者 —平田 勝
発行 ——花伝社
発売 ——共栄書房
〒101-0065 東京都千代田区西神田2-7-6 川合ビル
電話 03-3263-3813
FAX 03-3239-8272
E-mail kadensha@muf.biglobe.ne.jp
URL http://www1.biz.biglobe.ne.jp/~kadensha
振替 ——00140-6-59661
装幀 ——神田程史
印刷・製本 —モリモト印刷株式会社

ISBN4-7634-0447-4 C0036